21 世纪高等院校应用型人才培养规划教材

中文 Flash CS5 应用实践教程

丁雪芳　主编

西北工业大学出版社

【内容简介】本书为高等院校应用型人才培养规划教材，主要内容包括 Flash CS5 应用基础，Flash CS5 绘图基础，Flash CS5 对象的操作，Flash CS5 特效文字的制作，帧与图层的应用，元件、实例与库的应用，多媒体应用，Flash 动画的制作，ActionScript 和组件的应用，Flash 动画的发布，行业应用实例及上机实验。前 10 章每章末还附有适量的练习题，可供读者巩固所学的知识。

　　本书结构清晰，内容丰富，图文并茂，易学易懂，既可作为高等学校 Flash 课程教材，也可作为各高职院校和社会培训班的动画专业教材，同时也非常适合各层次 Flash 用户学习和参考。

图书在版编目（CIP）数据

中文 Flash CS5 应用实践教程/丁雪芳主编. —西安：西北工业大学出版社，2011.12
21 世纪高等院校应用型人才培养规划教材
ISBN 978-7-5612-3265-1

Ⅰ．①中⋯　　Ⅱ．①丁⋯　　Ⅲ．①动画制作软件，Flash CS5—高等学校—教材
Ⅳ．①TP391.41

中国版本图书馆 CIP 数据核字（2011）第 273919 号

出版发行：西北工业大学出版社
通信地址：西安市友谊西路 127 号　　　邮编：710072
电　　话：（029）88493844　88491757
网　　址：www.nwpup.com
电子邮件：computer@ nwpup.com
印　刷　者：陕西兴平报社印刷厂
开　　本：787 mm×1 092 mm　　1/16
印　　张：17
字　　数：447 千字
版　　次：2011 年 12 月第 1 版　　2011 年 12 月第 1 次印刷
定　　价：34.00 元

序 言

21世纪是信息时代，是科学技术高速发展的时代，也是人类进入以"知识经济"为主导的时代。信息要发展，人才是关键，为此，我国高等教育也适度扩大了规模。如何培养出德才兼备的高素质应用型人才，是全社会尤其是高等院校面临的一项颇为急切的任务。

为适应培养高素质专门人才的需要，必须开展教学改革立项和试点工作，加强实验教学和实践环节，重视综合性和创新性实验，大力培养学生的应用实践能力；必须建立高水平的教学计划和完备的课程体系，推进精品课程建设，完善精品课程学科布局。多年来，我们一直致力于研究在新形势下，如何编写出适应教学需要的教材，集中讨论了教育部计算机基础课程的重大教学改革举措以及新的课程体系框架、教学内容组织和课程设置等，经过与各高校老师、专家反复研讨后取得了许多共识。在"教育部高等学校计算机基础课程教学指导委员会"有关会议精神的指导下，我们组织了一批长期在一线从事计算机教学工作的老师和专家，成立了21世纪高等院校应用型人才培养规划教材编审委员会，全面研讨计算机和信息技术专业应用型人才的培养方案，并结合我国教育当前的实际情况，编写了这套"21世纪高等院校应用型人才培养规划教材"。

📖 编写目的

配合教育部提出的要有相当部分高校致力于培养应用型人才的要求，以及市场对应用型人才需求量的不断增加，本套丛书以"**理论与实践并重，应试与就业兼顾**"为原则，注重**教育、训练、应用**三者有机结合，努力建设一套全新的、有实用价值的应用型人才培养规划教材。希望本套教材的出版和使用，能够促进应用型人才的培养，为我国建立新的人才培养模式作出贡献。

📖 丛书特色

★ 中文版本，易教易学

选取市场上最普遍、最易掌握的应用软件的中文版本，突出"易教学、易操作"的特点，结构合理，内容丰富，讲解清晰，真正做到老师好教、学生好学。

★ 由浅入深，循序渐进

以培养应用型人才为重点，内容系统、全面，难点分散，循序渐进，并将知识点融入到每个实例中，使读者在掌握理论知识的同时提高实践能力。

★ 体系完整，作者权威

兼顾了大学非计算机专业学生的特点，按照分类、分层次组织教学的思路进行教材的编写。此外，参与教材编写的作者均来自国内著名高校，都是长期从事一线教学的专家和教授。

★ 理论和实践相结合

从教学的角度出发，将精简的理论与丰富实用的经典行业范例相结合，使学生在掌握基础理论的同时满足专业技术应用能力培养的需要，给学生提供一定的可持续发展的空间。

★ 与实际工作相结合

开辟培养技术应用型人才的第二课堂，注重学生素质培养，与企业一线人才要求对接，充实实际操作经验，将教育、训练、应用三者有机结合，使学生一毕业就能胜任工作，增强学生的就业竞争力。

★ 立体化教材建设思想

注重立体化教材建设，除主教材外，还配有多媒体电子教案、习题与实验指导，以及教学网站和其他教学资源。

★ 提供免费电子教案，保障教学需求

提供免费电子教案及书中素材文件，极大地方便老师教学和学生上机实践。

📖 读者对象

本套丛书可作为普通高等院校、高职高专院校的教材，也适合社会培训班使用，同时可供计算机爱好者自学参考。

📖 互动交流

为贯彻和落实我国教育发展与改革的有关精神，我们非常欢迎全国更多的高校、高职院校老师积极地加入到本系列教材的策划与编写队伍中来。同时，希望广大师生在使用过程中提出宝贵意见，以便我们在今后的工作中不断地改进和完善，使本套教材成为高等院校的精品教材。

21 世纪高等院校应用型人才培养规划教材编审委员会

前　言

Flash CS5 是一款非常流行的动画制作软件，它继承了之前版本的各种优点，其功能更加强大，可以将音乐、视频、动画以及富有创意的布局融合在一起，制作出高品质的二维动画效果。随着 Flash 软件自身的不断完善，Flash 动画被广泛应用于网站制作，游戏制作，影视广告、电子贺卡、电子杂志、MV 制作等领域，是目前应用最广泛的动画制作软件之一。

为了满足读者的需求，我们结合高等学校计算机基础教育的特点，组织工作在教学一线有丰富经验的教师精心策划，编写了本书。

本书共分 12 章。

第 1 章主要介绍了 Flash CS5 的应用基础，包括 Flash CS5 简介、动画制作的基础知识、Flash CS5 的工作界面以及 Flash CS5 文档的基本操作和设置等。

第 2 章主要介绍了 Flash CS5 基本绘图和填充工具的使用方法与技巧。

第 3 章主要介绍了 Flash CS5 对象的选择、编辑以及其他特殊操作方法与技巧。

第 4 章主要介绍了 Flash CS5 文本的创建和编辑，以及特效文字的创建方法与技巧。

第 5 章主要介绍了 Flash CS5 图层与帧的概念及操作技巧。

第 6 章主要介绍了 Flash CS5 元件、实例与库的概念及其使用方法。

第 7 章主要介绍了多媒体的应用，主要包括声音与视频的添加及编辑技巧。

第 8 章主要介绍了 Flash 动画的创建方法与技巧，主要包括逐帧动画、自动记录关键帧的补间动画、传统和形状补间动画、遮罩和引导动画以及反向运动动画等。

第 9 章主要介绍了 ActionScript 脚本语言和各种组件的使用方法与技巧。

第 10 章主要介绍了 Flash 动画的测试、优化、导出及发布等操作方法与技巧。

第 11 章是行业应用实例，通过介绍几个具有代表性的行业实例的制作方法及过程，让读者学以致用。

第 12 章是上机实验，是针对本书前面章节所讲的内容制作的相关实例，用来帮助用户巩固前面所学知识。

由于水平有限，不足之处在所难免，敬请广大读者批评指正。

编　者

目　录

第 1 章　Flash CS5 应用基础

Flash CS5 是 Adobe 公司最新推出的网页动态制作工具，它相比之前的版本在功能上有了很多有效的改进及拓展，更加确定了 Flash 的多功能网络媒体开发工具的地位。

教学目标

（1）Flash 动画简介。
（2）动画制作的基本术语。
（3）启动与退出 Flash CS5。
（4）Flash CS5 的工作界面。
（5）Flash CS5 文档的基本操作和设置。

1.1　Flash 动画简介

Flash 自推出以来，以其制作的动画图像质量高、体积小并适合网络传输等特点受到广大网页设计师及动画爱好者的青睐，成为应用最广泛的网页动画设计软件。

1.1.1　Flash 动画的含义

Flash 动画是目前最流行的二维动画制作软件之一，它是矢量图编辑和动画制作的专业软件，能将矢量图、位图、动画、音频、视频和更深层次的交互式动作有机地结合在一起，创建出生动、形象、交互性强的动画。

1.1.2　Flash 动画的特点

Flash 之所以受到广大用户的青睐，这与它具有的特点是分不开的，Flash 动画的特点造就了 Flash 动画在网络中的广泛流行。

（1）从动画组织来看：Flash 动画主要由矢量图组成，矢量图具有存储容量小，并且在缩放时不会失真的优点，这就使得 Flash 动画具有存储容量小，而且在播放窗口缩放时不会影响画面的清晰度的特点。

（2）从动画制作手法来看：Flash 动画的制作比较简单，只要掌握一定的软件知识，拥有一台电脑、一套软件就可以制作出 Flash 动画。

（3）从动画发布来看：在导出 Flash 动画的过程中，程序会压缩、优化动画组成元素（例如文本、位图图像、音乐和视频等），这就进一步减少了动画的存储空间，使其更加方便在互联网上传输。

（4）从动画播放来看：发布后的.swf 动画影片具有"流"媒体的特点，在网上可以边下载边播放，而不像 GIF 动画那样要把整个文件下载完成后才能播放。

（5）从 Flash 动画的交互性来看：可以通过为 Flash 动画添加动作脚本使其具有交互性，从而让观赏者成为动画的一部分，这一点是传统动画无法比拟的。

（6）从 Flash 动画的制作成本来看：使用 Flash 软件制作动画可以大幅度降低制作成本，同时在制作时间上也比传统动画更节省时间。

1.1.3　Flash 动画的应用

随着 Flash 软件自身的不断完善，Flash 动画的应用领域也在不断扩大，典型的应用有网页及网络动画设计、网页广告制作、多媒体开发、交互游戏制作等。

（1）网页设计。为了达到一定的视觉冲击力，现在几乎所有的个人网站或企业网站都有网站片头动画，如图 1.1.1 所示。

图 1.1.1　网站片头动画

当需要制作一些交互功能较强的网站时，可以利用 Flash 能够响应鼠标单击、双击等事件的特点，制作出具有独特风格的网站导航条，如图 1.1.2 所示。

图 1.1.2　网站导航条

（2）网页广告制作。因为传输的关系，网页上的广告需要具有短小精悍、表现力强的特点，而 Flash 动画正好可以满足这些要求。现在，打开任何一个网站的网页，都会发现一些动感时尚的 Flash 网页广告，如图 1.1.3 所示。

图 1.1.3　网页广告

（3）网络动画设计。Flash 具有强大的矢量绘图功能，可对视频、声音提供良好的支持，同时利用 Flash 制作的动画能以较小的容量在网络上进行发布，加上以流媒体形式进行播放，使 Flash 制作的网络动画更深受闪客的喜爱。闪客们都喜欢将自己制作的 Flash 音乐动画、Flash 电影动画传输到网络上供其他网友欣赏，实际上正是因为这些网络动画的流行，使 Flash 在互联网上形成了一种文化，如图 1.1.4 所示。

图 1.1.4　网络动画

（4）多媒体开发。相对于其他软件制作的课件，Flash 具有体积小、表现力强的特点，因此，在制作实验演示或多媒体教学光盘时，Flash 动画发挥着重要的作用，如图 1.1.5 所示。

图 1.1.5　多媒体教学课件

（5）交互游戏制作。利用 Flash 中的 ActionScript 编程，可以制作出小而有趣的游戏，配合 Flash 强大的交互功能，可以制作出丰富多彩的在线游戏，如图 1.1.6 所示。

图 1.1.6　在线游戏

1.1.4　Flash 动画的制作流程

就像拍一部电影一样，使用 Flash CS5 软件制作一个优秀的 Flash 动画作品，也要经过很多环节，并且每一个环节都关系到作品最终的质量。因此，在使用该软件制作动画之前，必须了解 Flash 动画的制作流程。

1．前期策划

在着手制作动画前，应首先明确制作动画的目的以及要达到的效果，然后确定剧情和角色。准备好这些后，还要根据剧情确定创作风格。例如，对于比较严肃的题材，应该使用比较写实的风格；对于比较轻松愉快的题材，可以使用 Q 版造型来制作动画。

2．素材搜集

搜集素材是完成动画策划之后的一项很重要的工作，素材的好坏决定着作品的效果。

（1）收集素材。收集与作品主题相关的素材，包括文本、图片、声音和影片剪辑等。注意要有针对性、有目的性的搜集，这样可以节约时间和精力，还能有效地缩短动画制作的周期。

（2）整理素材。将收集来的素材进行合理编辑，使素材能最确切地表达出作品的意境。

3．动画设计

动画设计主要包括为角色的造型添加动作、角色与背景的合成、声音与动画的同步，这一步最能体现制作者的水平，要想制作出一个优秀的 Flash 作品，不但要熟练掌握软件的使用，还需要掌握一定的美术知识和运动规律。

4．后期调试

后期调试包括调试动画和测试动画两方面。调试动画主要是对动画的各个细节，例如动画片段的衔接、场景的切换、声音与动画的协调等进行调整，使整个动画显得流畅。在动画制作初步完成后，便可以调试动画以保证作品的质量。测试动画是对动画的最终播放效果、网上播放效果进行检测，以保证动画能完美地展现在观赏者面前。

5．作品发布

Flash 动画制作的最后一步是发布动画，用户可以对动画的生成格式、画质品质和声音效果等进行设置。在动画发布时的设置将最终影响到动画文件的格式、文件大小以及动画在网络中的传输速率。

1.1.5　Flash CS5 的新增功能

Flash CS5 与以前的版本相比，其功能更加强大。Flash CS5 基于对象的动画不仅可以大大简化设计过程，还提供了更大程度的控制性，使用属性面板能体验对每个关键帧参数的完全单独控制。另外，Flash CS5 的骨骼工具、反向运动制作以及 3D 绘图功能，使软件功能有了质的飞跃，已把矢量图的精确性、灵活性与位图、声音、动画和高级交互性融合在一起，使之能够创作出极具吸引力的高效网页。

1．文本布局框架文本引擎

网页和交互界面设计者都会欣赏 Flash CS5 中处理文本的新方式。使用文本布局框架（TLF）文本引擎大大增强对文本属性和流的控制，既可以通过完整的排版控制设置和编辑文本，也可以实现高级的文本样式，如缩距、连字、调整字距和行间距。现在 Flash CS5 已经支持高级的文本布局控制，如螺旋形文本块、与多列交叉的文本流和内嵌图像，这样即可流畅快捷地处理文本。

2．基于 XML 的 FLA 源文件

Flash CS5 可以提供改进的基于 XML 的 FLA 源文件。凭借这项支持可以发展新的工作流程，而

且可以在处理较大的 Flash 项目时拥有更大的灵活性。新的 FLA 文件是由一组 XML 文件和其他成分（JPEG，GIF，MP3，WAV 等文件）组成的，这些文件会被保存为压缩文件（*.fla）或者未压缩的文件夹（*.xfl）。开发小组可以在通过文件合作时更容易地使用源控制系统管理和修改 Flash 项目，因为可以直接访问 Flash 项目中的各个组成部分。例如，可以使用 Adobe Photoshop 编辑 Flash 项目中的组成部分，而该部分会立刻在 Flash CS5 的舞台上更新。

3．改进的骨骼工具

在 Flash CS5 中，借助为骨骼工具新增的动画属性，不论是创建旅游指示箭头、翱翔的鸟群还是机械装置内部运行的动画，都可以通过将物理引擎整合到反向运动（IK）系统中，快速地创建更好的、更真实的动画效果。

4．Deco 绘制工具

Flash CS5 在 Deco 工具中添加了 10 个新脚本，使用它们可以轻松地绘制形状和应用高级动画效果。这些新增脚本包括 3D 刷子、建筑物刷子、装饰性刷子、火焰动画、火焰刷子、花刷子、闪电刷子、粒子系统、烟动画和树刷子。使用粒子系统可以通过大量的控件和属性创建雨、雾、烟、蒸汽等动态效果；使用 3D 刷子和建筑物刷子以及其他脚本可以比以前更容易地创建三维环境，更加快速地绘制出树木、灌木丛、花朵和蔓藤，从而在对象周围创建更真实的环境。

5．广泛的内容分发

Flash CS5 中含有一个专门处理 iPhone 预览内容的新软件包（它也是 Adobe AIR SDK 的一部分），通过它可以为 iPhone 手机创建应用程序。随着 Adobe Flash Player 10.1 的发布，用户可以在移动设备上像在桌面上一样使用相同的 Flash Player 功能。这样设计者和开发者就可以使用 Flash CS5 创建可以跨桌面和移动平台发布的内容和应用程序。

6．视频改进

在舞台上擦洗视频和更强大的提示点工作流程是 Flash CS5 的关键改进。现在可以在舞台上直接擦洗和预览视频，从而促进对带有 Alpha 透明度视频的处理。

当在舞台上选中视频对象后，就可以使用属性指示器从视频中找到和添加（或删除）提示点，还可以通过增加或减少时间代码值设定时间。因为 Flash CS5 中包含了 Adobe Media Encoder，所以可以将任何视频文件转换为 FLV 或者 F4V 格式。

7．代码片段面板

以前只有在专业编程的 IDE 才会出现的代码片段面板，现在也出现在 Flash CS5 中，这也是 CS5 的突破，在之前的版本中都没有。

在 Flash CS5 中，代码片段面板允许非程序员应用 ActionScript 3.0 代码进行常见交互。代码片段面板中含有实现常用功能的代码，如时间轴导航、动作、动画、音频、视频和事件处理程序，由于这些代码片段中包含了常用的注释和清晰的用法说明，使 Flash CS5 和 ActionScript 脚本的初学者可以缩短学习时间并实现更高创意。高级用户可以利用代码片段的可扩展性通过插入和保存自定义代码片段，体现自己的编程风格或者创建特殊或常见的代码。

8．新增的 ActionScript 编辑器

Flash CS5 通过改进的 ActionScript 编辑器可以为广大用户提供更流畅的开发环境，这个编辑器支

持自定义等级的代码提示和代码完成功能，还支持为库自动编写重要的语句。

9．与 Flash Builder 完美集成

Flash CS5 可以轻松地和 Flash Builder 进行完美集成。用户可以在 Flash 中完成创意，在 Flash Builder 中完成 ActionScript 的编码，然后进行测试、调试并将其在 Flash 中发布。这两种工作流程都可以节省时间，而且它们一起提供了一个更加内聚的开发环境。

10．与 Flash Catalyst 完美集成

Flash Catalyst CS5 已经到来，Flash Catalyst 将可以设计及开发快速结合起来，自然 Flash 可以与 Flash Catalyst 完美集成。在 Flash CS5 中，Adobe Photoshop，Illustrator、Fireworks 的文件可以在无须编写代码的情况下完成互动项目，提高工作效率。

1.2　动画制作的基本术语

在学习绘制和编辑 Flash 动画之前，首先要对 Flash 中动画制作的基本术语有所认识，主要包括位图和矢量图的区别，以及 Flash 动画制作过程中的相关概念。

1.2.1　矢量图

矢量图是使用直线和曲线来描述的图形，这些图形的元素是一些点、线、矩形、多边形、圆和弧形等，它们都是通过数学公式计算获得的。例如，一幅画的矢量图实际上是由线段形成外框轮廓，由外框的颜色以及外框所封闭的填充色显示出来颜色。由于矢量图可通过公式计算获得，因此，矢量图文件体积一般较小。但矢量图不能描绘色调丰富的图像细节，绘制出的图形不是很逼真，同时也不易在不同的软件间交换。

矢量图最大的优点是无论放大、缩小或旋转都不会失真，如图 1.2.1 所示，最大的缺点是难以表现色彩层次的逼真效果。

原图

放大后的效果

图 1.2.1　矢量图放大前后效果对比

1.2.2　位图

位图是以称为像素的点来描绘图像的，当编辑位图图像时，修改的是像素，而不是直线或曲线，构成图像的数据被固定在特定大小的栅格中。编辑位图图像将影响它的外观品质，尤其是缩放位图时，

将使图像变得模糊。如果用低于图像自身清晰度的输出设备来显示位图，也会降低位图的外观品质。

位图最大的优点是能够表现丰富的色彩层次，最大的缺点是在放大显示图像时，图像会变得比较粗糙、模糊，如图 1.2.2 所示。但是由于它能够表现色彩层次的逼真效果，因此在 Flash 动画的制作过程中经常被用做背景。

原图　　　　　　　　　放大后的效果

图 1.2.2　位图放大前后效果对比

1.2.3　图层

图层用于制作复杂的 Flash 动画。它就像堆叠在一起的多张幻灯片一样，每个层都包含一个显示在舞台中的不同图像。在时间轴中，动画的每一个动作都放置在一个 Flash 图层中，在每一个图层中都包含一系列的帧，而各图层中帧的位置一一对应。

1.2.4　帧

帧是组成 Flash 动画最基本的单位。各帧都对应于动画的相应动作，如声音、图形、素材元件以及其他对象。在时间轴面板中，每一帧都由时间轴上的一个小方格表示，Flash 场景内某一时间的图像，是由时间轴上当前播放指针所指一列中可见帧中的内容组成。

1.2.5　元件与实例

元件是动画中可以反复使用的一个重要元素，它可以是图形、按钮或影片剪辑，并可以独立于主动画进行播放，因此它也是一个小动画。

实例是元件的实际应用。当把一个元件放到舞台或另一个元件中时，就创建了该元件的一个实例。我们可以对实例进行修改而不影响元件，但如果修改了元件，那么舞台中的相应实例就会全部做出相应的修改。运用元件之所以能缩小文档的尺寸，是因为不管创建了多少个实例，Flash 在文档中只保存一份副本，因此运用好元件也能加快动画播放的速度。

1.2.6　库

每个 Flash 文件都有一个元件库，用于存放动画中的所有元件、图片、声音和视频等文件。改变场景中实例的属性，并不改变元件库中元件的属性，但改变元件的属性，应用该元件的所有实例属性都将随之改变。

1.2.7　动作脚本

ActionScript 是 Flash 的脚本语言。ActionScript 和 Javascript 相似，是一种面向对象的编程语言。传统的电影、电视作品只能观看，而不能对其进行任何操作，而 Flash 使用 ActionScript 给电影添加交互性，用户可以控制它的播放，并且它能对用户的不同操作做出响应，使人们由被动地接受信息变为主动查找信息，大大提高了用户的积极性，增添了使用兴趣。

1.3　启动和退出 Flash CS5

启动和退出 Flash CS5 是每次使用 Flash 软件必须要做的操作，因此掌握 Flash CS5 的启动和退出方法非常重要，下面对其进行具体介绍。

1.3.1　启动 Flash CS5

启动 Flash CS5 应用程序的方法有以下 3 种：

（1）双击桌面上 Flash CS5 的快捷方式图标 ，打开 Flash CS5 的开始页面。

（2）通过打开一个 Flash CS5 的动画文档，启动 Flash CS5 应用程序。

（3）选择 开始 → 所有程序(P) → Adobe Flash Professional CS5 命令（见图 1.3.1），即可启动 Flash CS5 应用程序，打开其开始页面，如图 1.3.2 所示。

图 1.3.1　选择 Flash CS5 应用程序

图 1.3.2　Flash CS5 开始页面

开始页面包含以下 5 个区域：

（1）**从模板创建**：此区域列出了创建新的 Flash 文档最常用的模板，单击所需模板即可创建新的 Flash 文件。

（2）**打开最近的项目**：用于打开最近使用过的 Flash 文档。单击 打开... 按钮，在弹出的"打开文件"对话框中可以选择要打开的文件。

（3）**新建**：此区域列出了 Flash 文件类型，单击其下方的 ActionScript 3.0 或 ActionScript 2.0 选项，即可进入 Flash CS5 工作界面。ActionScript 是 Flash 自带的编程语言，它后面的数字是版本号，在此选择 ActionScript 3.0 选项，进入 Flash CS5 的工作界面。

（4）**扩展**：此区域链接到 Adobe Flash Exchange 站点，通过该站点可以下载 Flash 辅助应用程序、扩展功能以及相关信息。

（5）**学习**：此区域中提供了一些帮助学习 Flash CS5 的参考资料供用户快速访问，而且在开始页面的下方也提供了一些帮助资源的快速访问，可以浏览快速入门和新增功能等资料。

用户可根据需要隐藏和再次显示开始页面。在开始页面中选中 ✓ **不再显示** 复选框，弹出如图 1.3.3 所示的提示框，单击 **确定** 按钮，则下次启动时不再显示开始页面。

若要在启动时再次显示开始页面，可选择菜单栏中的 **编辑(E)** → **首选参数(S)…** 命令，在弹出的"首选参数"对话框中的 **常规** 类型中单击 **启动时：** 选项右侧的下拉按钮 ▼，在弹出的下拉列表中选择 **欢迎屏幕** 选项，如图 1.3.4 所示。

图 1.3.3　启动中的提示框　　　　图 1.3.4　选择"欢迎屏幕"选项

1.3.2　退出 Flash CS5

启动 Flash CS5 应用程序后，用户可以使用该软件创建动画。当动画创建完成后，可采用以下 4 种方法中的任意一种退出该应用程序。

（1）选择菜单栏中的 **文件(F)** → **退出(X)** 命令，即可退出该程序。

（2）单击工作窗口右上角的"关闭"按钮 ✕ ，即可退出该程序。

（3）双击 Flash CS5 窗口左上角的"控制菜单"按钮 F ，即可退出该程序。

（4）按"Ctrl+Q"或"Alt+F4"快捷键，即可退出该程序。

1.4　Flash CS5 的工作界面

Flash CS5 的工作界面由以下几部分组成：标题栏、菜单栏、主工具栏、编辑栏、工具箱、时间轴面板、场景和舞台、属性面板以及浮动面板，如图 1.4.1 所示。

1.4.1　标题栏

标题栏位于工作界面的最上方，用于显示 Flash CS5 的程序图标 F 、 **基本功能** ▼ 按钮、"最小化"按钮 ─ 、"最大化"按钮 □ （或"还原"按钮 ❐ ）和"关闭"按钮 ✕ 。

单击 **基本功能** ▼ 按钮，可打开其下拉菜单，根据动画制作的需要可以从中选择多个布局，如图 1.4.2

所示；单击"最小化"按钮 ，可最小化 Flash 窗口；单击"最大化"按钮 ，可最大化 Flash 窗口；单击"还原"按钮 ，可将 Flash 窗口还原；单击"关闭"按钮 ，可将 Flash 窗口关闭。

图 1.4.1　Flash CS5 的工作界面

1.4.2　菜单栏

菜单栏位于标题栏的下方，由 文件(F) 、 编辑(E) 、 视图(V) 、 插入(I) 、 修改(M) 、 文本(T) 、 命令(C) 、 控制(O) 、 调试(D) 、 窗口(W) 和 帮助(H) 11 个菜单项组成，几乎集中了 Flash CS5 所有的命令和功能，用户可以选择其中的命令完成 Flash CS5 的所有常规操作。如图 1.4.3 所示为打开的 文件(F) 菜单，在该菜单中包含了与 Flash 文档相关的命令，单击某个命令即可执行相应操作。

图 1.4.2　"基本功能"下拉菜单　　　　　图 1.4.3　"文件"菜单

如果某些命令呈暗灰色，说明该命令在当前编辑状态下不可用，需满足一定条件后才能使用。另外，用户在操作过程中可以发现，在菜单命令的后面会带有黑色三角符号、3 个小黑点以及快捷键等，它们具有不同的操作含义。

（1）菜单命令后面带有黑色三角符号 ，表示该命令下还有下级子菜单。

（2）菜单命令的后面带有 3 个小黑点 ，表示选择该命令将弹出一个对话框。

（3）菜单命令的后面带有快捷键，表示直接在键盘上按该快捷键即可执行相关操作。

若要关闭所有已打开的菜单，可单击已打开的菜单名称，按"Alt"或"F10"键，或在菜单命令列表以外的其他位置单击；若要逐级向上关闭菜单，则按"Esc"键。

　　若要切换菜单，只要在各菜单项上移动鼠标并单击打开即可，也可按"↑"或"↓"方向键来选择各菜单项，再按"Enter"键执行该命令。

　　另外，在每个菜单后面都有一个大写的英文字母，同时按"Alt"键和相应的英文字母键可快速打开相应的下拉菜单。

1.4.3　主工具栏

　　默认打开的工作界面中没有主工具栏，用户可选择菜单栏中的 窗口(W) → 工具栏(O) → 主工具栏(M) 命令，打开主工具栏，如图 1.4.4 所示。

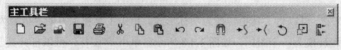

图 1.4.4　Flash CS5 的主工具栏

　　主工具栏主要完成对动画文件的基本操作以及一些基本的图形控制操作。主工具栏中的按钮依次分为："新建"按钮 、"打开"按钮 、"转到 Bridge"按钮 、"保存"按钮 、"打印"按钮 、"剪切"按钮 、"复制"按钮 、"粘贴"按钮 、"撤销"按钮 、"重做"按钮 、"贴紧至对象"按钮 、"平滑"按钮 、"伸直"按钮 、"旋转与倾斜"按钮 、"缩放"按钮 以及"对齐"按钮 ，当鼠标指针移动到按钮上时，会显示其相应的中文名称，单击选中的按钮，即可执行相应的操作。

1.4.4　工具箱

　　Flash CS5 的工具箱中包含了绘制、编辑图形的所有工具，在默认情况下工具箱位于窗口的右侧，并以长单条状态显示，如图 1.4.5 所示。

　　如果不习惯工具箱的默认显示形式，可以根据使用习惯将其转换为短双条显示形式。将鼠标放在工具箱的边界线上，当鼠标变为 ↔ 形状时，拖曳工具箱的边界线即可将其转换为短双条显示形式，如图 1.4.6 所示。同样，利用鼠标拖曳边界线也可以返回长单条显示形式。

图 1.4.5　长单条显示形式　　　　图 1.4.6　短双条显示形式

　　也可以拖曳工具箱上方的浅灰色区域到任意位置，当出现一条蓝色的线条时释放鼠标，可将工具箱组合到其他面板中，如图 1.4.7 所示。

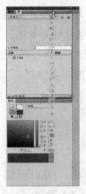

图 1.4.7　将工具箱组合到其他面板中

在 Flash CS5 中，可以将工具箱转换为图标形式。单击工具箱上方的"折叠为图标"按钮 ▶▶，即可将整个工具箱转换为一个图标，如图 1.4.8 所示。单击 图标，可以打开其子菜单，从中选择需要使用的工具，如图 1.4.9 所示。

图 1.4.8　工具箱的图标形式

图 1.4.9　工具箱的子菜单

Flash 的工具箱中包含多种常用的绘图工具，要使用这些工具，可直接单击工具按钮或在键盘上按相应的快捷键。

在工具箱中并没有显示出全部工具，有些工具是隐藏的。如果工具按钮右下角带有 ◢ 标记，表示该工具是一个工具组，其中包含有多个与之相关的其他工具。若要打开这些隐藏的工具，可将鼠标放在工具组上，按住鼠标左键不放，稍等片刻即可打开隐藏的工具列表；也可以将鼠标移至工具组上，单击鼠标右键，从弹出的工具列表中选择需要的工具。

1.4.5　编辑栏

编辑栏位于菜单栏的下方，如果打开多个 Flash 文档，在编辑栏中将以选项卡的形式显示文档名称，如图 1.4.10 所示。文档名称右侧为"关闭"按钮 ✕，单击该按钮即可关闭当前动画文档。

　　　　未命名-1* ✕　　月光宝盒MTV制作 ✕　咖啡 ✕　　奶茶 ✕

图 1.4.10　编辑栏

1.4.6　场景和舞台

场景其实就是一段相对独立的动画播放场地，每个场景都可以是一段完整的动画序列。整个 Flash 动画可以由一个场景组成，也可以由几个场景组成，当整个动画有多个场景时，动画会按照场景的顺序进行播放。但是，如果在场景中使用了交互功能，可以改变播放顺序。要查看特定场景，选择菜单栏中的 视图(V) → 转到(G) 命令，再从其子菜单中选择场景的名称即可。

舞台是最终发布 Flash 影片的白色矩形区域，如图 1.4.11 所示。在舞台上可以放置、编辑向量插图、文本框、按钮、导入的位图以及视频剪辑等对象，舞台背景的颜色和大小可以随时改变。衬托在舞台后面的浅灰色区域是工作区，在制作动画时，可将制作动画的素材暂时放在工作区，在使用 Flash Player 播放时，工作区中的内容将不予显示。

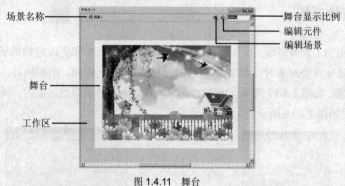

图 1.4.11　舞台

单击"编辑场景"按钮，打开如图 1.4.12 所示的下拉列表，可以快速选择要进行动画制作的场景；单击"编辑元件"按钮，打开如图 1.4.13 所示的下拉列表，可以选择要编辑修改的元件实例；在"舞台显示比例"下拉列表框 100% 中输入数值后按"Enter"键，可以改变舞台中对象的显示比例，也可以单击输入框右侧的下拉按钮，从弹出的下拉列表中选择不同的选项，如图 1.4.14 所示。

图 1.4.12　"编辑场景"下拉列表　　　　图 1.4.13　"编辑元件"下拉列表　　　　图 1.4.14　"舞台显示比例"下拉列表

1.4.7　时间轴面板

时间轴面板位于工作界面窗口的最下方，主要用于创建动画和控制动画的播放等操作。时间轴面板分为左右两部分，左侧为图层操作区；右侧为时间线操作区，由播放指针、帧、时间轴标尺以及状态栏组成，如图 1.4.15 所示。

在图层操作区中，可以隐藏、显示、锁定或解锁图层，并能将图层内容显示为轮廓，还可以将时间线操作区中的帧拖曳至同一图层中的不同位置，或是拖曳到不同的图层中。

单击时间轴面板右上方的 按钮，即可打开如图 1.4.16 所示的时间轴样式选项，使用这些选项可以对时间轴进行调整。其中，很小 、小 、标准 、中 、大 选项用于改变帧的宽度；预览 选项的功能是在帧格里以非正常比例预览本帧的动画内容，这对于在大型动画中寻找某一帧内容是非常有用的；关联预览 选项与 预览 选项的功能类似，只是将场景中的内容严格按照比例缩放到帧当中显示；较短 选项用于改变帧格的高度；彩色显示帧 选项用于打开或关闭彩色帧。

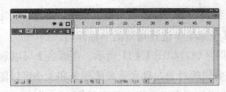

图 1.4.15　时间轴面板　　　　　　　　　图 1.4.16　时间轴样式选项

1.4.8　属性面板

对于正在使用的工具或资源，使用属性面板可以很容易地查看和更改它们的属性，从而简化文档的创建过程。当选定单个对象时，如文本、位图、组件、形状、视频、组和帧等，属性面板可以显示相应的信息和设置，如图 1.4.17 所示。当选中了两个或多个不同类型的对象时，属性面板会显示选中对象为"混合"，如图 1.4.18 所示。

图 1.4.17　"文本工具"属性面板　　　　图 1.4.18　选定多个对象时的属性面板

在 Flash CS5 中，通过单击属性面板上方的"折叠为图标"按钮，即可以图标形式显示属性面板，如图 1.4.19 所示。这样可以在最大程度上减少属性面板在 Flash 工作界面中的占用面积。同时，需要弹出属性面板时，只须单击该面板的图标即可，如图 1.4.20 所示。

图 1.4.19　属性面板的图标显示形式　　　图 1.4.20　显示属性面板

1.4.9　浮动面板

使用浮动面板可以查看、组合和更改资源。但屏幕的大小有限，为了尽量使工作区最大，Flash CS5

提供了许多种自定义工作区的方式，如可以通过 窗口(W) 菜单命令显示、隐藏面板，还可以通过拖动鼠标来调整面板的大小以及重新组合面板，如图 1.4.21 所示。

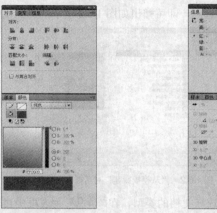

图 1.4.21　浮动面板

1.5　Flash CS5 文档的基本操作和设置

对于 Flash 初学者来说，首先应掌握 Flash 文档的最基本操作和设置，熟练掌握这些操作和设置方法，可以使用户在以后的学习中更加方便、快捷地应用 Flash CS5 软件。

1.5.1　Flash 文档的基本操作

Flash CS5 文档的基本操作包括新建文档、打开文档、保存文档、关闭文档、缩放和移动舞台以及辅助工具的使用等。

1. 新建文档

在 Flash CS5 中有两种文档：一种是以.swf 为后缀名的动画文档；另一种是以.fla 为后缀名的源文档。所谓新建文档，是创建以.fla 为后缀名的、可直接打开编辑的源文档，一般有两种创建方法。

（1）创建常规文档。启动 Flash CS5 后，系统默认第一个文档（Flash 文档（ActionScript 3.0））是新文档。如果需要重新创建一个文档，可以选择菜单栏中的 文件(F) → 新建(N)... 命令，在弹出的"新建文档"对话框中选择合适的类型，如图 1.5.1 所示。

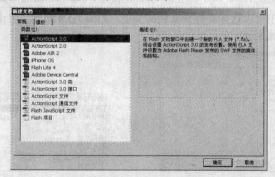

图 1.5.1　"新建文档"对话框

（2）创建模板文档。Flash CS5 中自带了大量的模板，用户可通过直接调用模板，快速创建 Flash 文档。

1）在开始页面中选择 动画 选项，即可弹出如图 1.5.2 所示的"从模板新建"对话框。

图 1.5.2　"从模板新建"对话框

2）在 类型(T): 列表框中可以选择文档的类型，在 模板(T): 列表框中可以选择文档的样式，如图 1.5.3 所示为选择 FI 随机缓动的运动 选项后新建的 Flash 文档。

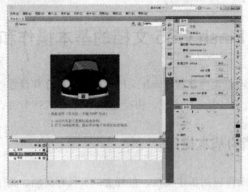

图 1.5.3　"随机缓动的运动"的 Flash 文档

技巧：用户可以通过单击主工具栏中的"新建"按钮 □，创建新文档。

2．打开文档

在制作 Flash 动画时，除了从欢迎屏幕中打开 Flash 文档以外，还可以通过以下 3 种方法来打开文档。

（1）通过"打开"对话框。选择菜单栏中的 文件(F) → 打开(O)... 命令，或按"Ctrl+O"键，弹出"打开"对话框，如图 1.5.4 所示。在 查找范围(I): 下拉列表中可以选择要打开文档的存储路径；在 文件类型(T): 下拉列表中可以选择要打开文档的类型，如图 1.5.5 所示。单击 打开(O) 按钮，或双击选中的 Flash 文档即可将其打开。

图 1.5.4　"打开"对话框

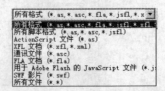

图 1.5.5　"文件类型"下拉列表

技巧：在弹出的"打开"对话框中，按住"Ctrl"键的同时单击多个需要打开的 Flash 文档，可以一次打开多个 Flash 文档。

（2）通过打开最近的文件。如果用户要打开最近使用过的文档，可选择菜单栏中的 文件(F) → 打开最近的文件(F) 命令，在弹出的子菜单中选择需要打开的文档名称即可。

（3）通过复制窗口。在制作动画的过程中，如果要使用某个 Flash 文档而又不影响源文档，可以复制此窗口，然后在新的窗口中进行编辑修改。选择菜单栏中的 窗口(W) → 直接复制窗口(F) 命令，即可在新的窗口打开要使用的文档。

3. 保存 Flash 文档

当用户制作好动画文档后，必须将文档保存起来，以备再次调入使用。在 Flash 中，用户不仅可以将文档保存为一般的 Flash 文档，而且可以将其保存为压缩的 Flash 文档和模板。

（1）使用"保存"命令。选择菜单栏中的 文件(F) → 保存(S) 命令，弹出"另存为"对话框，如图 1.5.6 所示。在 保存在(I) 下拉列表中可以选择文档的保存路径；在 文件名(N) 下拉列表框中可以输入要保存文档的名称；在 文件类型(T) 下拉列表中可以选择文档的保存类型，单击 保存(S) 按钮，即可将文档保存在指定的文件夹中。

提示：如果在退出 Flash CS5 时未保存当前文档，此时会弹出如图 1.5.7 所示的提示框，提示用户是否保存对该文档的更改。单击 是 按钮保存更改并关闭该文档；单击 否 按钮关闭该文档，不保存对文档的更改；单击 取消 按钮，放弃对文档的更改并退出程序。

图 1.5.6　"另存为"对话框

图 1.5.7　退出时的提示框

（2）使用"另存为模板"命令。选择菜单栏中的 文件(F) → 另存为模板(T)... 命令，弹出"另存为模板"对话框，如图 1.5.8 所示。在 名称(N): 文本框中可以输入模板的名称；在 类别(C): 下拉列表中可以选择一个模板类别；在 描述(D): 文本框中可以输入对模板的说明（见图 1.5.9），然后单击 保存(S) 按钮即可。

图 1.5.8　"另存为模板"对话框

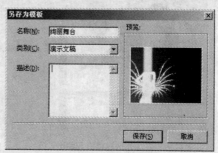

图 1.5.9　输入模板信息

技巧: 用户可以单击常用工具栏中的 "保存" 按钮 ■,快速保存文档。

（3）使用 "另存为" 命令。如果要将以前保存的文档打开重新进行编辑修改而不将原文档覆盖,可以在编辑完成后,选择菜单栏中的 文件(F) → 另存为(A)... 命令,在弹出的 "另存为" 对话框中修改文档的保存路径或文件名,重新保存该文档或为该文档创建备份。

（4）将文档保存为 Flash CS4 文档。使用 Flash CS5 软件完成动画的制作后,用户可以将其保存为 Flash CS4 文档。选择菜单栏中的 文件(F) → 保存(S) 命令,或选择 文件(F) → 另存为(A)... 命令,在弹出的 "另存为" 对话框中的 文件类型(T): 下拉列表中选择 Flash CS4 文档 (*.fla) 选项,如图 1.5.10 所示。单击 保存(S) 按钮即可将 Flash CS5 文档保存为 Flash CS4 文档。

注意: 如果在将 Flash CS5 文档保存为 Flash CS4 文档的过程中弹出如图 1.5.11 所示的提示框,此时单击 另存为 Flash CS4 按钮即可保存。

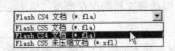

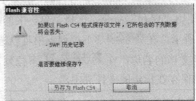

　　　　图 1.5.10　选择 Flash CS5 文档选项　　　　　　　图 1.5.11　保存文档提示框

当对保存过的 Flash 文档进行修改时,会激活 Flash CS5 中的 还原(H) 命令,选择菜单栏中的 文件(F) → 还原(H) 命令,弹出如图 1.5.12 所示的 "是否还原" 提示框,提示用户如果进行此操作,将无法撤销。

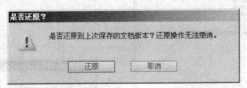

图 1.5.12　"是否还原" 提示框

4．播放 Flash 文档

制作完动画后,可以按 "Enter" 键,在工作区内播放 Flash 文档,以预览动画效果;按 "Ctrl+Enter" 键,可以在播放窗口内播放 Flash 文档,如图 1.5.13 所示。

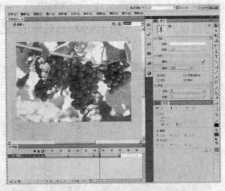

　　　　在工作区内播放 Flash 文档　　　　　　　　　　在播放窗口内播放 Flash 文档

图 1.5.13　播放 Flash 文档效果

5．关闭 Flash 文档

编辑并保存好 Flash 文档后，为了使操作界面更简洁，需要将其关闭，关闭 Flash 文档的方法有以下 4 种。

（1）在编辑栏中的文档名称右侧单击"关闭"按钮 ⊠，可快速关闭当前正在编辑的文档。

（2）选择菜单栏中的 文件(F) → 关闭(C) 命令，即可关闭当前正在编辑的文档。

（3）选择菜单栏中的 文件(F) → 全部关闭 命令，可将打开的多个文档同时关闭。

（4）按"Ctrl+W"快捷键，也可直接关闭当前正在编辑的文档。

1.5.2　设置 Flash CS5 文档属性

在创作 Flash 作品时，经常会根据创作要求改变文档的尺寸、播放速度以及背景颜色等，掌握了这些设置后，会在以后的学习和使用过程中更加得心应手。

1．通过"文档属性"对话框

文档属性的设置主要通过"文档属性"对话框进行设置，其具体操作步骤如下：

（1）新建一个 Flash 文档，选择菜单栏中的 修改(M) → 文档(D)... 命令，弹出"文档属性"对话框，如图 1.5.14 所示。

（2）在 尺寸(I): 文本框中输入文档的宽度和高度，尺寸的单位一般选择像素单位。最小为 1 像素×1 像素；最大为 2 880 像素×2 880 像素。

（3）单击 背景颜色: 后面的"颜色"按钮 □，在打开的颜色列表中选择背景颜色，如图 1.5.15 所示。

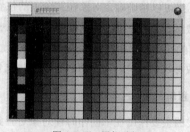

图 1.5.14　"文档属性"对话框　　　　　　图 1.5.15　颜色列表

（4）在 帧频(F) 文本框中设置当前 Flash CS5 文档的播放速度，单位为"fps"（表示每秒钟所播放的帧数）。

提示： 若将制作的动画在多媒体设备上播放（如电脑、电视），可将帧频设置为"24"；若在互联网上播放，一般设置为"12"。

（5）在 标尺单位(R): 下拉列表中可以设置对应的单位，如图 1.5.16 所示。

（6）在 匹配: 选项区中选中 ⊙ 内容(C) 单选按钮，可使文档大小与内容大小相等；选中 ⊙ 打印机(P) 单选按钮，可将文档大小设置为最大的可用打印区域；选中 ⊙ 默认(E) 单选按钮，可将文档恢复至默认的大小。

（7）设置好参数后，单击 确定 按钮即可完成文档属性的设置。

2．通过属性面板

在 Flash CS5 中除了可以通过"文档属性"对话框设置文档属性外，还可以通过属性面板设置文档的属性。选中工具箱中的选择工具 后，在属性面板的 ▽ 属性 区域单击 编辑… 按钮，也可弹出"文档属性"对话框。在属性面板中单击 舞台：右侧的颜色框□，可以直接打开背景颜色列表，从中选择舞台的背景颜色，如图 1.5.17 所示。

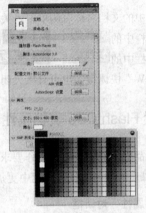

图 1.5.16　"标尺单位"下拉列表　　　　　图 1.5.17　选择舞台的背景颜色

1.5.3　设置标尺、网格和辅助线

标尺、网格和辅助线的作用是在创建动画的过程中，帮助用户精确绘制和安排对象在舞台上的位置。

1．设置标尺

使用标尺可以精确确定对象在舞台上的位置，从而更快地创建大小和位置都很规范的对象。若要显示或隐藏标尺，用户可以选择菜单栏中的 视图(V) → 标尺(R) 命令，或者在舞台空白处单击鼠标右键，在弹出的快捷菜单中选择 标尺(R) 命令，如图 1.5.18 所示。默认状态下，标尺都是以像素为单位，如果要更改标尺的单位，用户可以在"文档属性"对话框中进行设置。

2．设置辅助线

辅助线的主要作用在于创作时使对象对齐到舞台中某一垂直线或水平线上，但是要使用辅助线，首先要显示标尺，因为辅助线是从标尺处诞生的。设置辅助线的具体方法如下：

（1）将鼠标置于标尺的左侧或上方，当鼠标指针呈现 ↖ 或 ↖ 形状时，按住并拖动鼠标到舞台中的适当位置，释放鼠标后，即可添加垂直或水平的辅助线，如图 1.5.19 所示。

图 1.5.18　Flash CS5 中的标尺　　　　　图 1.5.19　Flash CS5 中的辅助线

（2）选择菜单栏中的 视图(V) → 辅助线(E) → 显示辅助线(U) 命令，可显示或隐藏辅助线。

（3）选择工具箱中的选择工具 ↖ 后，可以用鼠标拖动辅助线来改变其位置，如图 1.5.20 所示。如果要删除辅助线，可直接使用选择工具将其拖至工作区外即可。

（4）选择菜单栏中的 视图(V) → 辅助线(E) → 编辑辅助线... 命令，弹出"辅助线"对话框，用户可以在其中设置辅助线的颜色和精确度，并可确定是否显示、贴紧或锁定辅助线，如图 1.5.21 所示。

图 1.5.20 调整辅助线的位置

图 1.5.21 "辅助线"对话框

（5）选择菜单栏中的 视图(V) → 辅助线(E) → 锁定辅助线(K) 命令，可以将辅助线锁定，此时无法使用鼠标调整其位置。

3．设置网格

在绘图或移动对象时，使用网格能让对象自动地吸附到一些纵横的网格线上，从而能精确安排对象在舞台中的位置，并使不同对象能相互对齐。设置网格的具体方法如下：

（1）选择菜单栏中的 视图(V) → 网格(D) → 显示网格(D) 命令，显示网格（见图 1.5.22），再次选择该命令则将其隐藏。

（2）选择菜单栏中的 视图(V) → 网格(D) → 编辑网格(E)... 命令，在弹出的如图 1.5.23 所示的"网格"对话框中可以设置网格的颜色、间距以及精确度等。

图 1.5.22 显示网格

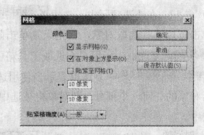

图 1.5.23 "网格"对话框

注意： 在 Flash CS5 中，测试或导出文档时，辅助线和网格不会随文档而导出。

1.5.4 设置 Flash CS5 首选参数

在使用 Flash CS5 之前，用户可以根据自己的需要设置其首选参数，从而使软件发挥最佳性能。选择菜单栏中的 编辑(E) → 首选参数(S)... 命令，弹出如图 1.5.24 所示的"首选参数"对话框，在该

对话框左侧的 类别 列表框中，包含 常规 、 ActionScript 、 自动套用格式 、 剪贴板 、 绘画 、 文本 、 警告 、 PSD 文件导入器 以及 AI 文件导入器 选项，单击其中的某一选项，在该对话框的右侧将显示相应的设置选项，用户可以根据自己的需要进行参数设置。

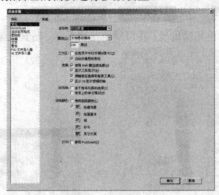

图 1.5.24　"首选参数"对话框

1. 常规

在弹出"首选参数"对话框时， 常规 选项是系统默认的选项，该参数设置区中各选项含义介绍如下：

（1） 启动时：：该选项用于设置启动 Flash CS5 时打开哪个文档。其下拉列表包含 4 个选项：显示开始页、打开上次使用的文档、新建文档和不打开任何文档。选择"显示开始页"选项显示"开始"页面；选择"新建文档"选项可打开一个新的空白文档；选择"打开上次使用的文档"选项，可打开上次退出 Flash 时打开的文档；选择"不打开任何文档"选项，可启动 Flash 而不打开任何文档。

（2） 撤消(U)：：该选项用于设置文档或对象的撤销层级，又称为撤销次数，其取值范围为 2～300。撤销级别需要消耗内存，设置的撤销级别越多，占用的系统内存就越多，用户可根据工作需要设置合适的撤销层级，系统默认撤销层级为 100。

（3） 工作区：：选中 ☑ 在选项卡中打开测试影片(O) 复选框，当用户测试影片时，系统会自动创建一个新的文档以打开该测试影片，默认情况是在该文件窗口中打开测试影片。

（4） 选择：：在该选项区中，选中 ☑ 使用 Shift 键连续选择(H) 复选框表示按住"Shift"键的同时使用鼠标单击可以连续选取对象，否则只须单击附加元素即可将它们添加到当前的选择列表中；选中 ☑ 显示工具提示(W) 复选框表示用户在选取工具箱中的工具时，将会在光标停留的工具上显示简短提示；选中 ☑ 接触感应选择和套索工具(C) 复选框表示当使用选择工具 或套索工具 拖动选取对象时，如果矩形框中包括对象的任何一个部分，则对象将被选中，默认情况是仅当工具的矩形框完全包围对象时，对象才被选中。

（5） 时间轴：：在该选项区中，选中 ☑ 基于整体范围的选择(S) 复选框表示在单击一个关键帧到下一个关键帧之间的任何帧时，整个帧序列都将被选中；选中 ☑ 场景上的命名锚记(N) 复选框表示可以让 Flash 将文档中每个场景中的第一帧作为命名锚记。命名锚记可以让用户使用浏览器中的"前进"和"后退"按钮从 Flash 应用程序的一个场景跳转到另一个场景。

（6） 加亮颜色：：在该选项区中，选中 ⊙ █ 单选按钮，单击该色块，可在其打开的颜色面板中选择高光的颜色；选中 ⊙ 使用图层颜色(L) 单选按钮，可以使用当前图层的轮廓颜色作为高光的颜色。

（7） 打印：：该选项仅限于在 Windows 操作系统下使用，选中 ☑ 禁用 PostScript(P) 复选框表示打印到 PostScript 打印机时禁止 PostScript 输出，该选项默认状态为非选中状态。

2．ActionScript

在 类别 列表框中选择 ActionScript 选项，即可打开“ActionScript”参数设置区，如图 1.5.25 所示。
“ActionScript”参数设置区中各选项含义如下：

（1） 编辑：在该选项区中，选中 ☑ 自动缩进 复选框表示在左括号“(”或左大括号“{”之后输入的文本将按照 ActionScript 首选参数中“制表符大小”的设置自动缩进；在 制表符大小：右侧的文本框中输入数值可设置自动缩进打开时新行中偏移的字符数，默认值为 4；选中 ☑ 代码提示 复选框表示在 ActionScript 语句的书写过程中帮助用户准确地编写代码，用户可拖动 延迟：右侧的滑杆上的滑块以指定代码提示出现之前的延迟时间（以秒为单位）。

（2） 字体：该选项用于设置编写脚本时使用的字体。选中 ☑ 使用动态字体映射 复选框后系统会自动检查该字体，以确保所选的字体系列具有呈现每个字符所必须的字形。

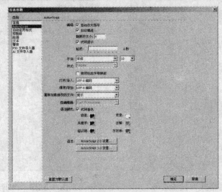

图 1.5.25　“ActionScript”设置选项

（3） 打开/导入：该选项用于设置打开和导入 ActionScript 文件时使用的字符编码。单击其右侧的下拉按钮 ▼，弹出其下拉列表，该下拉列表包括两个选项：UTF-8 编码和默认编码，用户可以根据需要进行选择。

（4） 保存/导出：该选项用于设置保存和导出 ActionScript 文件时使用的字符编码。

（5） 重新加载修改的文件：该选项用于选择何时查看有关脚本文件是否修改、移动或删除的警告。单击其右侧的下拉按钮 ▼，弹出其下拉列表，该下拉列表包括 3 个选项，总是 、 从不 和 提示 。

总是 表示发现更改时不显示警告，自动重新加载文件；从不 表示发现更改时不显示警告，文件保持当前状态；提示 表示发现更改时显示警告，可以选择是否重新加载文件，其为默认选项。

（6） 语法颜色：该选项区用于设置脚本中代码的颜色。选中 ☑ 代码着色 复选框表示可以选择在“脚本”窗口中显示各种代码的颜色。

（7） 语言：单击 ActionScript 2.0 设置... 或 ActionScript 3.0 设置... 按钮，即可弹出“ActionScript 设置”对话框，在该对话框中可对其参数进行设置。

3．自动套用格式

在 类别 列表框中选择 自动套用格式 选项，即可打开“自动套用格式”参数设置区，如图 1.5.26 所示。

“自动套用格式”参数设置区中各选项含义如下：

（1）选中 ☑ 在 if、for、switch、while 等后面的行上插入 {(1) 复选框表示在 if, for, switch 和 while 后面另起一行插入左大括号“{”。

（2）选中 <u>☑ 在函数、类和接口关键字后面的行上插入 {(N)</u> 复选框表示在函数、类和接口关键字后面另起一行插入左大括号"{"。

（3）选中 <u>☑ 不拉近 } 和 else(D)</u> 复选框表示在右大括号"}"后面紧跟"else"而不用另起一行书写。

（4）选中 <u>☑ 函数调用中在函数名称后插入空格(S)</u> 复选框表示在函数调用中的函数名称后插入一个字符的空格。

（5）选中 <u>☑ 运算符两边插入空格(E)</u> 复选框表示在运算符两边插入一个字符的空格。

（6）选中 <u>☑ 不设置多行注释格式</u> 复选框表示多行注释的格式没有被设置。

4．剪贴板

在 <u>类别</u> 列表框中选择 **剪贴板** 选项，即可打开"剪贴板"参数设置区，如图 1.5.27 所示。

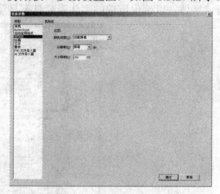

图 1.5.26　"自动套用格式"设置选项　　　　图 1.5.27　"剪贴板"设置选项

"剪贴板"参数设置区只包含 <u>位图:</u> 选项区，该选项区用于设置复制到剪贴板中位图的参数，其中各选项含义如下：

（1）<u>颜色深度(C):</u> 用于设置位图颜色的深浅程度，单击 <u>颜色深度(C):</u> 右侧的下拉按钮 ▼，弹出其下拉列表，其中包含 7 个选项：无、匹配屏幕、4 位彩色、8 位彩色、16 位彩色、24 位彩色和 32 位彩色 Alpha，用户可根据需要进行设置，系统默认为"匹配屏幕"。

（2）<u>分辨率(R):</u> 用于设置位图的分辨率，单击 <u>分辨率(R):</u> 右侧的下拉按钮 ▼，弹出其下拉列表，该下拉列表包含 4 个选项：屏幕、72、150 和 300，系统默认为"屏幕"。

（3）<u>大小限制(L):</u> 用于设置将位图复制到剪贴板中时占用的内存大小，系统默认的大小为"250 kb"。

5．绘画

在 <u>类别</u> 列表框中选择 **绘画** 选项，即可打开"绘画"参数设置区，如图 1.5.28 所示。

"绘画"参数设置区中各选项的含义如下：

（1）<u>钢笔工具:</u> 在该选项区中，选中 <u>☑ 显示钢笔预览(P)</u> 复选框表示在使用钢笔工具绘图时，系统将笔尖移动轨迹预先显示出来；选中 <u>☑ 显示实心点(N)</u> 复选框表示使用钢笔工具绘制的锚点为实心点，否则为空心点；选中 <u>☑ 显示精确光标(U)</u> 复选框表示使用钢笔工具时，其鼠标光标以精确的"十"字线显示，而不是以默认的钢笔图标出现，这样可以提高线条的定位精度。

（2）<u>连接线(C):</u> 用于设置绘制闭合图形时端点与终点之间的关系，单击其右侧的下拉按钮 ▼，弹出其下拉列表，包括 3 个选项，分别为必须接近、一般和可以远离，默认选项为一般。

（3）<u>平滑曲线(M):</u> 用于设置曲线的平滑度，单击其右侧的下拉按钮 ▼，弹出其下拉列表，包括 4 个选项，分别为关、粗略、一般和平滑，默认选项为一般。

（4）确认线(L)：用于设置直线的精确度，单击其右侧的下拉按钮 ，弹出其下拉列表，包括 4 个选项，分别为关、严谨、一般和宽松，默认选项为一般。

（5）确认形状(S)：用于设置在 Flash 中绘制的不规则形状被识别为规则形状的精确度，单击其右侧的下拉按钮 ，弹出其下拉列表，包括 4 个选项，分别为关、严谨、一般和宽松，默认的选项为一般。

（6）点击精确度(A)：用于设置用鼠标选取对象时鼠标光标位置的准确性，单击其右侧的下拉按钮 ，弹出其下拉列表，包括 3 个选项，分别为严谨、宽松和一般，默认选项为一般。

6．文本

在 类别 列表框中选择 文本 选项，即可打开"文本"参数设置区，如图 1.5.29 所示。

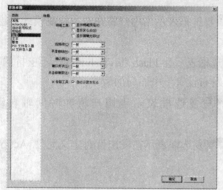　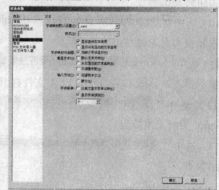

图 1.5.28　"绘画"设置选项　　　　　　　图 1.5.29　"文本"设置选项

"文本"参数设置区中各选项含义如下：

（1）字体映射默认设置(F)：用于设置在打开 Flash 文档时替换缺失字体所使用的字体。单击其右侧的下拉按钮 ，弹出其下拉列表，用户可以在该列表中选择将要使用的字体。

（2）垂直文本(V)：该选项区用于设置垂直文本的排列方式。选中 默认文本方向(D) 复选框表示将默认的文本方向设置为垂直；选中 从右至左的文本流向(R) 复选框表示将默认的文本方向水平翻转，即将默认的从左至右的排列方式转换为从右至左的排列方式；选中 不调整字距(N) 复选框表示关闭垂直文本字距微调。

（3）输入方法(I)：在该选项区中，选中 日语和中文(J) 单选按钮表示输入的文字为中文或日语；选中 韩文(K) 单选按钮表示输入的文字为韩文。

7．警告

在 类别 列表框中选择 警告 选项，即可打开"警告"参数设置区，如图 1.5.30 所示。

"警告"参数设置区中各选项含义如下：

（1）选中 在保存时针对 Adobe Flash CS4 兼容性发出警告 复选框表示将使用 Flash CS5 创建的文档保存为 Flash CS5 文件时发出警告信息以提示用户。

（2）选中 启动和编辑中 URL 发生更改时发出警告 复选框表示在文档的编辑和发送过程中 URL 改变时发出警告信息。

（3）选中 如在导入内容时插入帧则发出警告 复选框表示在导入音频或视频文件时，提示用户是否增加帧数以适合文件的长度。

（4）选中 导出 ActionScript 文件过程中编码发生冲突时发出警告 复选框表示在选择"默认编码"时在数

据丢失或出现乱码的情况下发出警告。

　　（5）选中 ▣ 转换特效图形对象时发出警告 复选框表示当用户试图编辑已应用时间轴特效的元件时发出警告。

　　（6）选中 ▣ 对包含重叠根文件夹的站点发出警告 复选框表示当用户创建的本地根文件夹与另一站点重叠时发出警告。

　　（7）选中 ▣ 转换行为元件时发出警告 复选框表示当用户将具有附加行为的元件转换为其他类型时（例如将按钮转换为影片剪辑）发出警告。

　　（8）选中 ▣ 转换元件时发出警告 复选框表示将元件转换为其他类型时显示提示对话框。

　　（9）选中 ▣ 从绘制对象自动转换到组时发出警告 复选框表示当用户将在对象绘制模式下绘制的图形对象转换为组时发出警告。

　　（10）选中 ▣ 将对象自动转换为绘制对象时发出警告 复选框表示当用户将在对象绘制模式下绘制的图形对象转换为对象时发出警告。

　　（11）选中 ▣ 显示在功能控制方面的不兼容性警告 复选框表示让 Flash 将 Flash Player 不支持的功能在控件上显示警告，该版本是当前的 FLA 文件在其"发布设置"中面向的版本。

　　（12）选中 ▣ 针对时间轴自动生成 ActionScript 类时发出警告 复选框表示当用户将在时间轴自动生成 ActionScript 类时发出警告。

　　（13）选中 ▣ 发出针对定义元件 ActionScript 类的编译剪辑的警告 复选框表示在发出针对定义元件 ActionScript 类时发出警告。

8．PSD 文件导入器

　　在 类别 列表框中选择 PSD 文件导入器 选项，即可打开"PSD 文件导入器"参数设置区，如图 1.5.31 所示。

图 1.5.30　"警告"设置选项

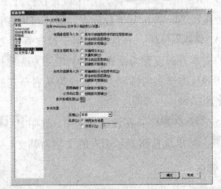
图 1.5.31　"PSD 文件导入器"设置选项

　　在 选择 Photoshop 文件导入器的默认设置。 选项区域中，用户可以将 Photoshop 中的图像图层、文本图层和形状图层轻松自如地导入到 Flash CS5 中，还可以根据需要设置导入的方式。

　　在 发布设置 选项区域中，用户可以对完成作品进行发布设置，可以选择有损压缩和无损压缩两种方式。当用户选择有损压缩时，可以根据需要设置作品的品质。

9．AI 文件导入器

　　在 类别 列表框中选择 AI 文件导入器 选项，即可打开"AI 文件导入器"参数设置区，如图 1.5.32 所示。

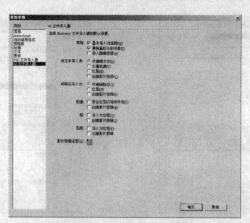

图 1.5.32　"AI 文件导入器"设置选项

通过设置 选择 Illustrator 文件导入器的默认设置。 选项区中的参数，用户可以将 Illustrator 中的文件根据需要导入到 Flash CS5 中。

1.5.5　设置快捷键

Flash CS5 提供了多种快捷键，利用这些快捷键进行操作，既方便又快捷，可以大大提高工作效率。在制作动画的过程中，用户可选择菜单栏中的 编辑(E) → 快捷键(K)... 命令，在弹出的如图 1.5.33 所示的"快捷键"对话框中对快捷键进行自定义、重命名、删除等操作。

1. 自定义快捷键

在 Flash CS5 中，自定义快捷键的具体操作步骤如下：

（1）在"快捷键"对话框中的 当前设置: 下拉列表框中，可以将 Flash 的快捷键设置为与用户熟悉的应用程序相同的快捷键。

（2）在 当前设置: 下拉列表框的右侧单击"直接复制设置"按钮 ，弹出如图 1.5.34 所示的"直接复制"对话框，用户可以在 副本名称(N): 文本框中输入自定义快捷键的名称。

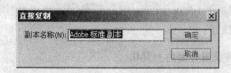

图 1.5.33　"快捷键"对话框　　　　　　　图 1.5.34　"直接复制"对话框

（3）设置好参数后，单击 确定 按钮，此时在 当前设置: 下拉列表框中将显示出自定义快捷键的名称，如图 1.5.35 所示。

（4）在 命令: 下拉列表框中选择需要自定义快捷键的命令，然后在其下方的列表框中双击某一命令，将其展开，从中选择需要自定义快捷键的菜单项，如图 1.5.36 所示。

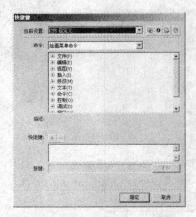

图 1.5.35　显示自定义快捷键的名称　　　　　图 1.5.36　选择需要自定义快捷键的命令及菜单项

（5）将鼠标光标移至 **按键:** 文本框中，在键盘中按某一快捷键，此时将在此文本框中显示相应的键值，如图 1.5.37 所示。

（6）单击 **更改** 按钮，将弹出如图 1.5.38 所示的"是否重新分配"信息框，单击 **重新分配** 按钮，将为选中的菜单项设置相应的快捷键。

图 1.5.37　显示相应的键值　　　　　图 1.5.38　"是否重新分配"信息框

（7）单击 **快捷键:** 右侧的 **+** 或 **−** 按钮，可添加或删除快捷键。

（8）完成自定义快捷键的设置后，单击 **确定** 按钮，即可关闭该对话框。

2. 重命名快捷键

在"快捷键"对话框中，单击 **当前设置:** 下拉列表框右侧的"重命名设置"按钮 **❍**，弹出"重命名"对话框，如图 1.5.39 所示。用户在 **新名称(N):** 文本框中输入新的名称，然后单击 **确定** 按钮即可重命名快捷键。

3. 将设置导出为 HTML

在"快捷键"对话框中，单击 **当前设置:** 下拉列表框右侧的"将设置导出为 HTML"按钮 **❐**，弹出"另存为"对话框，如图 1.5.40 所示。在该对话框中可设置 HTML 文件的存储位置及文件名，单击 **保存(S)** 按钮，然后在 IE 浏览器中打开该 HTML 文档，此时可显示出相应的快捷键，如图 1.5.41 所示。

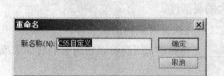

图 1.5.39　"重命名"对话框　　　　　　　　图 1.5.40　"另存为"对话框

4．删除快捷键

在"快捷键"对话框中，单击 当前设置 下拉列表框右侧的"删除快捷键"按钮 ，弹出"删除设置"对话框，如图 1.5.42 所示。在左侧的列表框中选择需要删除的快捷键，然后单击 删除(D) 按钮即可。

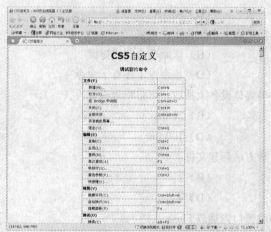

图 1.5.41　在 IE 浏览器中显示相应的快捷键

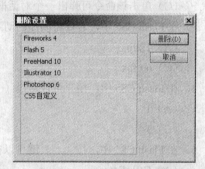

图 1.5.42　"删除设置"对话框

本 章 小 结

本章主要介绍了 Flash CS5 的基础知识，包括 Flash 动画简介、动画制作的基本术语、启动和退出 Flash CS5、Flash CS5 的工作界面以及 Flash CS5 文档的基本操作和设置。通过本章的学习，读者应对 Flash CS5 有一个基本的了解，并希望读者能用心领会，为后面的学习打好基础。

习 题 一

一、填空题

1．Flash 动画的制作流程包括_____、_____、_____、_____和_____。

2．_____是使用直线和曲线来描述的图形，这些图形的元素是一些点、线、矩形、多边形、圆和弧形等，它们都是通过＿＿＿＿＿＿获得的。

3. ＿＿＿＿＿＿是以称为＿＿＿＿＿＿的点来描绘图像的，其最大的优点是能够表现丰富的色彩层次。

4. 在 Flash CS5 中，＿＿＿＿＿＿是构成动画的基本单位。

5. Flash CS5 可以提供改进的基于＿＿＿＿＿＿的 FLA 源文件。凭借这项支持可以发展新的工作流程，而且可以在处理较大的 Flash 项目时拥有更大的灵活性。

6. 新建文件是指创建以＿＿＿＿＿＿为后缀名的、可直接打开编辑的源文件。

7. 在 Flash CS5 中，所有的绘图工具都集成在＿＿＿＿＿＿中，用户可以使用它们对图像或选区进行操作。

8. 在 Flash CS5 中，编辑区中心的白色区域称为＿＿＿＿＿＿，衬托在舞台后面的浅灰色区域是＿＿＿＿＿＿，在使用 Flash Player 播放时，＿＿＿＿＿＿中的内容将不予显示。

二、选择题

1. 在 Flash CS5 中，按（　　）键可快速退出 Flash CS5 应用程序。
   - （A）Ctrl+Q
   - （B）Alt+F4
   - （C）Ctrl+W
   - （D）Alt+X

2. 在 Flash CS5 的菜单中，如果菜单命令后带有一个 ▶ 标记，表示（　　）。
   - （A）该命令在当前状态下不可用
   - （B）该命令具有快捷键
   - （C）单击该命令可弹出一个对话框
   - （D）该命令下还有子命令

3. 在 Flash CS5 中，若要将制作的动画在多媒体设备上播放，可将帧频设置为（　　）。
   - （A）12 fps
   - （B）24 fps
   - （C）60 fps
   - （D）100 fps

4. 在 Flash CS5 中，用户可以通过（　　）种方法新建文件。
   - （A）1
   - （B）2
   - （C）3
   - （D）4

5. 在 Flash CS5 中，按（　　）键可以在播放窗口内播放 Flash 文档。
   - （A）Ctrl+Enter
   - （B）Enter
   - （C）Shift+Enter
   - （D）Alt+ Enter

三、简答题

1. Flash 动画主要应用于哪些方面？
2. 简述位图与矢量图的概念及优缺点。
3. 简述 Flash CS5 的新增功能。
4. 如何设置 Flash CS5 文档属性？

四、上机操作题

1. 练习 Flash CS5 软件的启动和退出操作。
2. 练习 Flash CS5 文件的新建、打开和保存和关闭操作。
3. 练习在 Flash CS5 中设置其快捷键。

第2章　Flash CS5 绘图基础

Flash CS5 提供了多种绘制和填充图形的工具，只要掌握了这些工具的使用方法与技巧，就可以绘制出色彩斑斓的精美图形。

教学目标

（1）绘图工具的使用。

（2）填充工具的使用。

（3）橡皮擦工具的使用。

2.1　线 条 工 具

想要在 Flash CS5 中绘制图形，直线是最基本的形状，使用线条工具可以绘制各种不同方向的矢量直线。

2.1.1　绘制直线

单击工具箱中的"线条工具"按钮 ，将鼠标指针移动到舞台上，鼠标指针呈现 ＋形状，说明该工具已经被激活。这时，按住鼠标左键作为线条的起点，然后拖动鼠标到另一点后释放鼠标，即可在两点之间绘制线条，如图 2.1.1 所示。

图 2.1.1　使用线条工具绘制线条

注意：如果按住"Shift"键拖动鼠标指针，可以绘制出水平或垂直的线条，还可以绘制出倾斜角度为 0°，45°，90°，135° 等按 45° 倍数变化的直线。

选择线条工具 后，在工具箱中的附加选项中会出现一个"对象绘制"按钮 和一个"贴紧至对象"按钮 。在 Flash CS5 中，一般如果要绘制两条交叉的直线时，绘制出的直线会相互切割，如图 2.1.2 所示。而当单击"对象绘制"按钮 时，所绘制的直线会分别成为一个单独的对象，相互不受影响，如图 2.1.3 所示。当单击"贴紧至对象"按钮 时，所绘制的对象会向附近的对象自动靠拢，如图 2.1.4 所示。

图 2.1.2　相互切割的线条　　　　图 2.1.3　对象绘制效果　　　　图 2.1.4　线条自动贴紧至对象

2.1.2　设置直线属性

在 Flash 动画的创建过程中，会用到不同颜色、不同形状和不同粗细的线条，这些都可以在属性面板中设置，如图 2.1.5 所示。

1．设置直线颜色

如果要设置所绘直线的颜色，只需在其属性面板中单击"笔触颜色"按钮 ，然后在弹出的颜色列表中选择需要的颜色即可，如图 2.1.6 所示。

　　　　　　　　　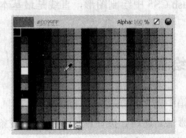

图 2.1.5　"线条工具"属性面板　　　　　　　图 2.1.6　设置直线颜色

2．设置直线粗细

如果要改变直线的粗细，只需在其属性面板中的"笔触高度"输入框 0.95 中输入相应的数值即可，其取值范围为 0.1～200，如图 2.1.7 所示。

图 2.1.7　设置直线粗细

3．设置直线样式

如果要改变直线的样式，只须单击 样式：实线 下拉列表框，然后从弹出的下拉列表中选择需要的样式即可，如图 2.1.8 所示。

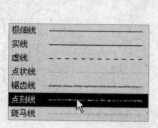

图 2.1.8　设置直线样式

4. 自定义笔触样式

如果在"笔触样式"下拉列表中没有需要的笔触样式，可以单击属性面板中的"自定义笔触样式"按钮 ✐，弹出"笔触样式"对话框，用户可以在其中自定义笔触的样式。

自定义笔触样式的方法为：在 类型(Y): 下拉列表中选择一种样式（例如选择"点刻线"选项），然后对其参数进行设置，如图 2.1.9 所示。设置好参数后，单击 确定 按钮，效果如图 2.1.10 所示。

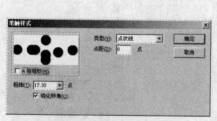

图 2.1.9　"笔触样式"对话框

图 2.1.10　自定义笔触样式效果

5. 其他选项设置

在其属性面板中单击 端点: 选项右侧的 按钮，可设置直线端点的样式，如图 2.1.11 所示。单击 接合: 选项右侧的 按钮，可以在弹出的下拉菜单中设置两条线段的相接方式，如图 2.1.12 所示。在 尖角: 文本框中输入数值，可以设置线条在接合处的倾斜程度。

图 2.1.11　设置直线端点的样式　　　图 2.1.12　设置两条线段的相接方式

选中 ☑ 提示 复选框，可以启动笔触提示功能，避免出现直线显示模糊的现象；在 缩放: 一般 下拉列表中可设置直线在播放器中的笔触缩放方式，有"一般""水平""垂直"和"无"4 个选项。

2.2　铅笔工具

铅笔工具主要用于绘制各种曲线，单击工具箱中的"铅笔工具"按钮 ✐，将鼠标指针移动到舞台上，按住鼠标左键作为曲线的起点，然后拖动鼠标到另一点后释放鼠标，即可在两点之间绘制各种曲线，如图 2.2.1 所示。

图 2.2.1　使用铅笔工具绘制曲线

　　选择铅笔工具 ✎ 后，其属性面板如图 2.2.2 所示，用户可以在其中设置曲线的粗细、颜色、样式等参数。"铅笔工具"属性面板中的参数和线条工具中的参数基本相同，只是多了一个 平滑: 选项，用户可以在其中输入数值，设置铅笔笔触在平滑模式下的平滑程度，取值范围为 0~100。

　　选择铅笔工具 ✎ 后，在工具箱的选项栏中将出现"铅笔模式"按钮 ⌇，单击该按钮，将弹出如图 2.2.3 所示的下拉菜单，用户可以根据需要选择适当的铅笔模式，然后再绘制各种曲线。

　　　　　　　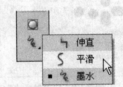

图 2.2.2　"铅笔工具"属性面板　　　　图 2.2.3　"铅笔模式"下拉菜单

　　（1） ⌐ 伸直 模式：该模式是系统的默认模式，在该模式下，系统会将所绘制的曲线调整为矩形、椭圆、三角形、正方形等较为规则的图形，如图 2.2.4 所示。

图 2.2.4　在"伸直"模式下绘制图形

　　（2） S 平滑 模式：在该模式下，系统会对图形进行微调，使其更加平滑，如图 2.2.5 所示。

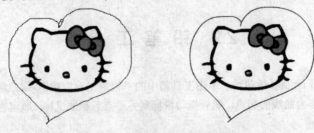

图 2.2.5　在"平滑"模式下绘制图形

（3）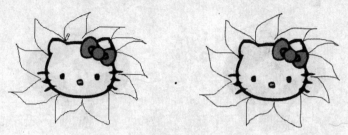 墨水 模式：在该模式下，系统不会对图形进行任何调整，因此，绘制出的图形几乎不会发生变化，如图 2.2.6 所示。

图 2.2.6　在"墨水"模式下绘制图形

2.3　钢 笔 工 具

钢笔工具是非常重要的绘图工具，使用它可以绘制直线、折线、闭合图形和曲线等，该工具属性面板如图 2.3.1 所示。

"钢笔工具"属性面板与铅笔工具的相同，各选项的含义也相同，使用钢笔工具绘制图形的具体操作步骤如下：

（1）在工具箱中选择钢笔工具 。

（2）在该工具属性面板中设置合适的参数。

（3）在舞台任意位置处单击鼠标左键，绘制第一个锚点。移动鼠标光标到另一位置，再次单击鼠标左键，可在两次单击点之间产生一条连线，如图 2.3.2 所示。

图 2.3.1　"钢笔工具"属性面板

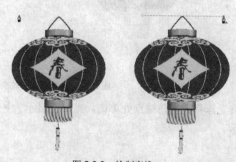

图 2.3.2　绘制直线

（4）确定了第 1 个锚点的位置后，绘制第 2 个锚点时，单击鼠标后按住鼠标不放并拖动鼠标，即可在第 2 个点与第 1 个锚点之间创建一条曲线，如图 2.3.3 所示。

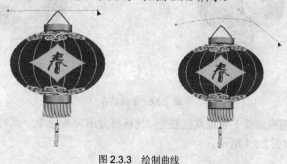

图 2.3.3　绘制曲线

（5）在绘图过程中，如果将光标移到图形的起始锚点处单击，可绘制闭合图形，如图 2.3.4 所示。

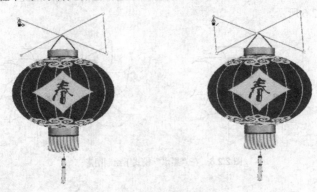

图 2.3.4　绘制闭合图形

在 Flash 中，图形的形状由锚点控制。因此，可通过删除、添加锚点，移动锚点的位置调整图形的形状。锚点分为两种，一种是拐角锚点，该锚点一侧或两侧为直线；另一种是曲线锚点，该锚点两侧都为曲线。

使用钢笔工具 绘制好图形后，可采用以下方法调整图形的形状。

（1）将光标移到曲线锚点处，光标将显示为 形状，此时单击该锚点即可将曲线锚点转换为拐角锚点，如图 2.3.5 所示。

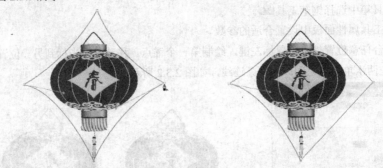

图 2.3.5　将曲线锚点转换为拐角锚点

（2）将光标移到拐角锚点处单击，光标将显示为 – 形状，此时单击该锚点即可将锚点删除，如图 2.3.6 所示。

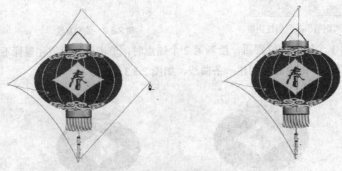

图 2.3.6　删除锚点

（3）将光标移到图形曲线上非锚点位置处，光标将显示为 + 形状，此时单击鼠标左键即可在该位置添加一个锚点，如图 2.3.7 所示。

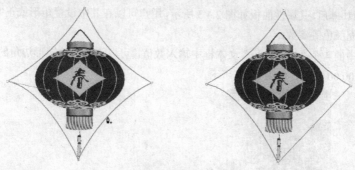

图 2.3.7 添加锚点

（4）如果以前绘制的图形为不闭合图形，还可在该路径的基础上继续绘制图形。先将光标移到图形的一个端点上单击以显示锚点，然后再次单击，此时，光标显示为 形状，单击鼠标即可闭合图形，如图 2.3.8 所示。

图 2.3.8 在原图形的基础上继续绘制图形

2.4 矩形工具组

矩形工具组包括矩形工具、椭圆工具、基本矩形工具、基本椭圆工具和多角星形工具，如图 2.4.1 所示。

2.4.1 矩形工具

矩形工具 主要用于绘制各种矩形和正方形，选择工具箱中的矩形工具 ，将鼠标指针移动到舞台上，鼠标指针呈现＋形状，说明该工具已经被激活，这时，按住鼠标左键不放并拖动即可绘制矩形。如果要绘制正方形，只须在绘制的同时按住"Shift"键即可，如图 2.4.2 所示。

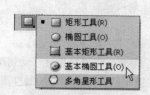

图 2.4.1 矩形工具组

图 2.4.2 使用矩形工具绘制正方形

　　选择矩形工具  后，其属性面板如图 2.4.3 所示，用户可以在其中设置矩形或正方形的线条粗细、笔触颜色以及填充颜色等参数。

　　在属性面板中的 4 个"边角半径"文本框中输入数值，可以设置所绘矩形边角的弧度，输入的数值在−100.00～100.00 之间，如图 2.4.4 所示。

图 2.4.3　"矩形工具"属性面板　　　　　　　　图 2.4.4　设置矩形边角弧度

提示：　也可以通过拖曳属性面板中下方的滑块对边角半径进行设置，如图 2.4.5 所示为将其滑块拖曳至"−50"。

图 2.4.5　设置边角半径为"−50"时的效果

　　如果单击 按钮，将解除锁定状态，可分别对矩形的 4 个边角的弧度进行设置，如图 2.4.6 所示。此时的按钮变成 形状，再次单击 按钮，即可将边角半径控件锁定为一个控件，如果不满意可单击 重置 按钮，恢复原状。

图 2.4.6　解除锁定状态设置圆角矩形效果

2.4.2　椭圆工具

　　椭圆工具主要用于绘制各种椭圆和圆。选择工具箱中的椭圆工具 ，将鼠标指针移动到舞台上，鼠标指针呈现 ＋ 形状，说明该工具已经被激活。这时，按住鼠标左键不放并拖动即可绘制椭圆，如果要绘制圆，只需在绘制的同时按住"Shift"键即可，如图 2.4.7 所示。

图 2.4.7　使用椭圆工具绘制圆

选择椭圆工具  后，椭圆工具的属性面板将显示椭圆工具的属性设置选项，如图 2.4.8 所示。除了与矩形工具相同的属性之外，椭圆工具还具有以下的属性：

（1）☑闭合路径：此复选框用于确认椭圆的内径是否闭合。如果指定了一条开放路径，但未对生成的形状应用任何填充，则仅绘制笔触。默认情况下选中此复选框。

（2）开始角度:和结束角度:：使用这两个控件可以轻松地将椭圆和圆的形状修改为扇形、半圆形以及其他具有创意的形状。既可以通过拖曳滑块进行设置，也可以直接在右侧的文本框中输入数值。如图 2.4.9 所示为不同起始角度和结束角度的效果对比。

图 2.4.8　"椭圆工具"属性面板

图 2.4.9　不同起始角度和结束角度的效果对比

（3）内径: 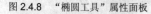 ：通过拖曳滑块或在右侧的文本框中输入数值，可以相应地调整内径的大小。输入的数值在 0～99 之间，以表示内径变化的百分比，如图 2.4.10 所示。

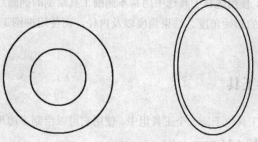

图 2.4.10　不同内径的效果对比

2.4.3　基本矩形工具

基本矩形工具 与矩形工具同在一个工具组中，其使用方法与矩形工具 基本相似，所不同的是，通过使用选择工具 拖动边角上的节点，可以改变圆角矩形弧度，如图 2.4.11 所示。

图 2.4.11　拖动节点改变圆角矩形弧度

　　还有一点不同的是，使用选择工具 选中用基本矩形工具 绘制的矩形后，可以通过在属性面板中更改参数来改变矩形的形状，而使用矩形工具绘制的矩形就不能做到这一点。

2.4.4　基本椭圆工具

　　基本椭圆工具 的使用方法与椭圆工具 基本相似，所不同的是，通过使用选择工具拖动椭圆外围的节点，可以改变起始角度和结束角度，效果如图 2.4.12 所示。使用选择工具拖动椭圆内部的节点，可以改变内径的数值，效果如图 2.4.13 所示。

图 2.4.12　拖动椭圆外围的节点效果　　　　图 2.4.13　拖动椭圆内部的节点效果

　　与基本矩形工具一样，使用选择工具选中用基本椭圆工具绘制的椭圆后，可以通过在属性面板中更改参数选项来改变椭圆的起始角度、结束角度以及内径，而使用椭圆工具绘制的椭圆不能做到这一点。

2.4.5　多角星形工具

　　多角星形工具与矩形工具位于同一个工具组中，使用它可以绘制多边形和星形。选择多角星形工具 后，其属性面板如图 2.4.14 所示。

　　多角星形工具的属性面板中的参数和矩形工具的参数基本相同，只是多了一个 选项... 按钮，单击该按钮，将弹出如图 2.4.15 所示的"工具设置"对话框，用户可以在其中设置图形的样式、边数和顶点的大小。

　　（1）样式：可设置多角星形工具的样式是"多边形"或是"星形"。
　　（2）边数：可设置"多边形"或"星形"的边数，取值范围为 3～32。

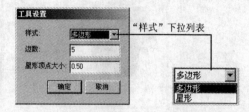

图 2.4.14　"多角星形工具"属性面板　　　　图 2.4.15　"工具设置"对话框

（3）星形顶点大小：可设置星形顶点的大小，取值范围为 0～1。

设置好参数后，单击 确定 按钮关闭对话框，然后在舞台上按住鼠标左键不放并拖动即可绘制多边形或星形，效果如图 2.4.16 所示。

图 2.4.16　使用多角星形工具绘制多边形和星形

提示：使用多角星形工具绘制多边形或星形时，可移动鼠标旋转绘制的图形。若按住"Shift"键，
　　　则以固定角度旋转图形。

2.5　缩放工具组

在 Flash CS5 中的缩放工具组中包含了缩放工具和手形工具两种，使用缩放工具 🔍 可以调整舞台的显示比例，放大或缩小舞台显示。当舞台的显示比例太大而不能将图形全部显示出来时，可以使用手形工具移动舞台的位置，查看某个图形对象。

2.5.1　缩放工具

当用户选择缩放工具 🔍 后，该工具选项区中会显示"放大"按钮 🔍 和"缩小"按钮 🔍。用户单击"放大"按钮 🔍，即可选择放大工具；单击"缩小"按钮 🔍，即可选择缩小工具。

使用放大工具 🔍 可以放大舞台的显示比例，使用缩小工具 🔍 可以缩小舞台的显示比例，具体操作步骤如下：

（1）在工具箱中选择缩放工具 🔍。

（2）在该工具选项区中单击"放大"按钮 🔍，选择放大工具。

（3）使用该工具在舞台中的图形对象上单击，即可放大该图形，如图 2.5.1 所示。

图 2.5.1　放大图形

（4）在该工具选项区中单击"缩小"按钮，选择缩小工具。

（5）使用该工具在舞台中的图形对象上单击，即可缩小该图形，如图 2.5.2 所示。

图 2.5.2　缩小图形

（6）使用放大工具或缩小工具在舞台中单击并拖出一个矩形框，即可将该矩形框中的图形对象放大或缩小，如图 2.5.3 所示。

图 2.5.3　放大图形的局部

技巧：按"Ctrl++"快捷键，可放大图形的显示比例；按"Ctrl+－"快捷键，可缩小图形的显示比例。

2.5.2　手形工具

使用手形工具可以移动舞台的位置，以查看某个图形对象，具体操作步骤如下：

（1）在工具箱中选择手形工具。

（2）使用该工具在舞台中单击并拖动，即可移动舞台的位置，如图 2.5.4 所示。

图 2.5.4　移动舞台的位置

技巧： 当用户正在使用其他工具时，可按住空格键，将该工具暂时转换为手形工具使用。

2.6　刷子工具组

在 Flash CS5 中，刷子工具组包括刷子工具和喷涂刷工具两种，使用这两种工具可以绘制出特殊的图形效果。

2.6.1　刷子工具

使用刷子工具能够绘制刷子般的笔触，如同使用画笔涂色一样，这可以用来创建类似于书法的效果，如图 2.6.1 所示。

图 2.6.1　使用刷子工具绘制的图形

使用刷子工具绘制图形的具体操作步骤如下：

（1）选择工具箱中的刷子工具 ![brush] 后，在工具箱的选项栏中将出现刷子工具的附加选项，包括"对象绘制"按钮 ![icon]、"锁定填充"按钮 ![icon]、"刷子模式"按钮 ![icon]、"刷子大小"下拉列表和"刷子形状"下拉列表，如图 2.6.2 所示。

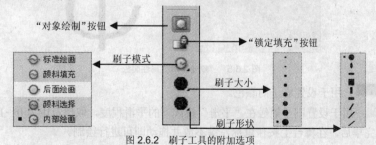

图 2.6.2　刷子工具的附加选项

1）"对象绘制"按钮 ：单击该按钮，将在对象绘制模式下绘制图形，即所绘制的图形是一个个独立的对象，并且在重叠时不会合并。若移动该图形，将不会改变位于其下方的图形，如图 2.6.3 所示。

图 2.6.3　移动在对象绘制模式下绘制的图形

在默认情况下，Flash 在合并绘制模式下绘制图形，即所绘制的图形会自动合并重叠的部分，若移动该图形，将会改变位于其下方的图形，如图 2.6.4 所示。

图 2.6.4　移动在合并绘制模式下绘制的图形

2）"锁定填充"按钮 ：单击该按钮，将在锁定填充模式下绘制图形，即当绘制渐变过渡图形时，整个图形只包含一个完整的渐变。

3）"刷子模式"按钮 ：单击该按钮，将弹出一个下拉列表，包括标准绘画、颜料填充、后面绘画、颜料选择和内部绘画 5 个选项，用于设置刷子对舞台中其他对象的影响。

4）"刷子大小"下拉列表：设置刷子的大小。

5）"刷子形状"下拉列表：设置刷子的形状。

（2）在"刷子工具"属性面板中设置其填充颜色和笔触平滑程度，如图 2.6.5 所示。

图 2.6.5　"刷子工具"属性面板

1） ：用于设置刷子的颜色。

2） 平滑：用于设置刷子笔触在"平滑"模式下的平滑程度，取值范围为 0～100。

（3）设置完毕后，在舞台上按住鼠标左键不放并拖动即可进行绘制。

2.6.2　喷涂刷工具

喷涂刷工具与刷子工具位于一个工具组中，在刷子工具 ![icon] 上按住鼠标左键不放，在弹出的下拉菜单中选择 ![icon] 喷涂刷工具(B) 选项，即可选择喷涂刷工具。它的作用类似于粒子喷射器，使用它可以一次将形状图案"刷"到舞台上。喷涂刷工具的属性面板如图 2.6.6 所示，从属性面板中可以看出，它基本上是由元件和画笔组成。

其面板中的各选项含义介绍如下：

（1） 编辑… ：单击此按钮，即可弹出"选择元件"对话框，如图 2.6.7 所示。用户可以在其中选择影片剪辑元件或图形元件以用做喷涂刷粒子。

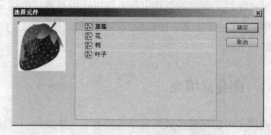

图 2.6.6　"喷涂刷工具"属性面板　　　　　图 2.6.7　"选择元件"对话框

（2） 缩放：：用于调整喷涂刷工具的喷涂大小，其取值范围为 0～40 000。

（3） ☑随机缩放：指定按随机比例将每个基于元件的喷涂粒子放置在舞台上，并改变每个粒子的大小，如图 2.6.8 所示。使用默认喷涂点时，会禁用此选项。

（4） ☑旋转元件：此属性仅在将元件用做粒子时出现。围绕中心点旋转基于元件的喷涂粒子，如图 2.6.9 所示。

图 2.6.8　随机缩放效果　　　　　　　　　图 2.6.9　旋转元件效果

（5） ☑随机旋转：此属性仅在将元件用做粒子时出现，指定按随机旋转角度将每个基于元件的喷涂粒子放置在舞台上，如图 2.6.10 所示。使用默认的喷涂点时，会禁用此选项。

（6） 宽度：：在不使用库中的元件时，喷涂粒子的宽度。

（7） 高度：：在不使用库中的元件时，喷涂粒子的高度。

（8） 画笔角度：：在不使用库中的元件时，应用到喷涂粒子的顺时针旋转量，如图 2.6.11 所示为设置画笔旋转角度为"60°"。

图 2.6.10　随机旋转效果　　　　　图 2.6.11　设置画笔旋转角度为"60°"

2.7　Deco 装饰性绘画工具

在 Flash CS5 中大大增强了 Deco 工具的功能，增加了许多绘图工具，使得绘制丰富背景变得方便而快捷。Deco 工具提供了多种绘制图形的方法，除了使用默认的一些图形绘制方法以外，在 Flash CS5 还为用户提供了开放的创作空间，可以让用户通过创建元件，完成复杂图形或者动画的制作。单击工具箱中的"Deco 工具"按钮，或按"U"键即可使用 Deco 工具绘制图形，其属性面板如图 2.7.1 所示。

2.7.1　藤蔓式填充

藤蔓式填充可以用藤蔓式图案填充舞台、元件或封闭区域。除了使用默认花朵和叶子形状的填充颜色外，还可以从库中选择元件，替换默认的叶子和花朵。在"Deco 工具"属性面板中，藤蔓式填充选项是 Flash CS5 默认的填充选项，如图 2.7.1 所示。

其属性面板中的各选项含义介绍如下：

（1）分支角度：用于设置图案第一个分支的角度，0°为水平向右。

（2）　：用于设置藤蔓的颜色。

（3）图案缩放：用于设置花、叶、蔓的大小，会使对象同时沿水平方向（沿 X 轴）和垂直方向（沿 Y 轴）放大或缩小。

（4）段长度：用于设置叶子节点和花朵节点之间的段的长度。

（5）☑动画图案：选中此复选框，会将绘制花朵的过程创建成逐帧动画序列。

（6）帧步骤：用于设置绘制时每秒运行的帧数。

如图 2.7.2 所示为使用藤蔓式填充的效果。

 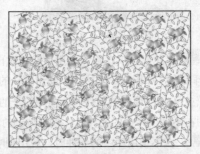

图 2.7.1　"Deco 工具"属性面板　　　　图 2.7.2　应用藤蔓式填充效果

2.7.2　网格填充

网格填充可以对基本图形元素进行复制，并有序地排列到整个舞台上，产生类似壁纸的效果。在"Deco 工具"属性面板中的"绘制效果"下拉列表中选择 网格填充 ▼ 选项，其属性面板如图 2.7.3 所示。

其属性面板中的各选项含义介绍如下：

（1） 水平间距：用于设置网格填充中所用形状之间的水平距离。

（2） 垂直间距：用于设置网格填充中所有形状之间的垂直距离。

（3） 图案缩放：用于设置填充形状的缩放比例。

如图 2.7.4 所示为使用网格填充的效果。

图 2.7.3　"网格填充"属性面板参数

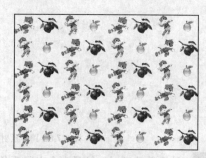

图 2.7.4　应用网格填充效果

2.7.3　对称刷子

使用对称刷子可以围绕中心点对称排列元件。在舞台上绘制元件时，将显示手柄，使用手柄增加元件数、添加对称内容或者修改效果来控制对称效果。使用它可以创建圆形用户界面元素（如模拟钟面或刻度盘仪表）和旋涡图案。在"Deco 工具"属性面板中的"绘制效果"下拉列表中选择 对称刷子 ▼ 选项，其属性面板如图 2.7.5 所示。

其属性面板中的各选项含义介绍如下：

（1） 网格平移 ▼：单击此按钮，弹出如图 2.7.6 所示的下拉列表，其中有 4 种高级选项供用户选择，分别为跨线反射、跨点反射、旋转和网格平移。

图 2.7.5　"对称刷子"属性面板参数

图 2.7.6　"高级选项"下拉列表

1）**跨线反射**：选中此选项时，在场景正中会出现淡绿色对称轴，在线的一侧单击，即可得到一对对称的点或者元件。对称轴上方带双向箭头的点可以调整对称轴的角度方向，下方的点可以调整对称轴的位置，对称轴的改变会带动所有绘制的点的位置变化，如图 2.7.7 所示。

图 2.7.7　跨线反射效果

2）**跨点反射**：选中此选项时，场景正中会出现淡绿色中心对称点，在场景中单击，即可得到一对以此点为中心对称的点或者元件，可以通过移动中心点来移动所绘制的元件，如图 2.7.8 所示。

图 2.7.8　跨点反射效果

3）**旋转**：选中此选项时，场景中会出现两条淡绿色线组成的角，单击会得到围绕着角的一组中心对称点。拖动带 X 标记的线调整夹角的大小，可以改变点数的多少；调整带双向箭头的点可以改变方向；拖动中心点可以调整整组元件的位置，如图 2.7.9 所示。

图 2.7.9　旋转效果

4）**网格平移**：选中此选项时，场景中会出现纵、横两条坐标轴，单击会得到 8 行 8 列的点阵图形，通过改变纵、横轴单位的距离，可以改变两个点之间的距离；改变两个轴的夹角，可以改变点阵图的形状；在两个轴的端点拖动，可以改变点阵图的行列数，如图 2.7.10 所示。

图 2.7.10　网格平移效果

2.7.4　3D 刷子

使用 3D 刷子可以在舞台上对某个元件的多个实例涂色，使其具有 3D 透视效果。在 "Deco 工具" 属性面板中的 "绘制效果" 下拉列表中选择 3D 刷子 选项，其属性面板如图 2.7.11 所示。

其面板中的各选项含义介绍如下：

（1）编辑... ：单击此按钮，弹出 "选择元件" 对话框，如图 2.7.12 所示。用户可以在其中选择需要包含在绘制图案中的 1～4 个元件。

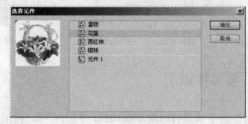

图 2.7.11　"3D 刷子" 属性面板参数　　　　　　图 2.7.12　"选择元件" 对话框

（2）最大对象数：用于设置要涂色的对象的最大数目。

（3）喷涂区域：用于设置与对实例涂色的光标的最大距离。

（4）☑透视：用于切换 3D 效果。若要为大小一致的实例涂色，须取消选中此选项。

（5）距离缩放：用于确定 3D 透视效果的量。增加此值会增加由向上或向下移动光标而引起的缩放。

（6）随机缩放范围：此属性允许随机确定每个实例的缩放，增加此值会增加可应用于每个实例的缩放值的范围。

（7）随机旋转范围：此属性允许随机确定每个实例的旋转，增加此值会增加每个实例可能的最大旋转角度。

如图 2.7.13 所示为使用 3D 刷子绘制的图形效果。

图 2.7.13　使用 3D 刷子绘图效果

2.7.5　建筑物刷子

使用建筑物刷子可以在舞台上绘制建筑物，建筑物的外观取决于为建筑物属性选择的值。在

"Deco 工具"属性面板中的"绘制效果"下拉列表中选择 建筑物刷子 ▼ 选项，其属性面板如图 2.7.14 所示。

其面板中的各选项含义介绍如下：

（1） 随机选择建筑物 ▼ ：该下拉列表用于设置绘图的样式。

（2） 建筑物大小：用于设置建筑物的宽度。其值越大，创建的建筑物就越宽。

如图 2.7.15 所示为使用建筑物刷子绘制的图形效果。

图 2.7.14　"建筑物刷子"属性面板参数

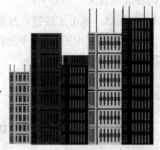

图 2.7.15　使用建筑物刷子绘图效果

2.7.6　装饰性刷子

使用装饰性刷子效果可以绘制装饰线，例如点线、波浪线以及线条。在"Deco 工具"属性面板中的"绘制效果"下拉列表中选择 装饰性刷子 ▼ 选项，其属性面板如图 2.7.16 所示。

其面板中的各选项含义介绍如下：

（1） 1: 梯波形 ▼ ：用于设置需要绘制的线条样式。

（2） 图案颜色：用于设置线条的颜色。

（3） 图案大小：用于设置所选图案的大小。

（4） 图案宽度：用于设置所选图案的宽度。

如图 2.7.17 所示为使用装饰性刷子绘制的图形效果。

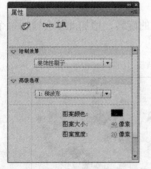

图 2.7.16　"装饰性刷子"属性面板参数

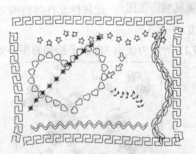

图 2.7.17　使用装饰性刷子绘图效果

2.7.7　火焰动画

使用火焰动画效果可以创建程序化的逐帧火焰动画。在"Deco 工具"属性面板中的"绘制效果"下拉列表中选择 火焰动画 ▼ 选项，其属性面板如图 2.7.18 所示。

其面板中的各选项含义介绍如下：

（1）火大小：用于设置火焰的宽度和高度。输入的值越高，创建的火焰越大。

（2）火速：用于设置动画的速度。输入的值越大，创建的火焰越快。

（3）火持续时间：用于设置动画持续过程中在时间轴中创建的帧数。

（4）☑结束动画：选中此复选框，可以创建火焰燃尽而不是持续燃烧的动画。Flash 会在指定的火焰持续时间后添加其他帧以造成烧尽效果。如果要循环播放完成的动画以创建持续燃烧的效果，无须选择此选项。

（5）火焰颜色：用于设置火苗的颜色。

（6）火焰心颜色：用于设置火焰底部的颜色。

（7）火花：用于设置火源底部各个火焰的数量。

如图 2.7.19 所示为使用火焰动画制作的动画效果。

图 2.7.18　"火焰动画"属性面板参数

图 2.7.19　使用火焰动画效果

2.7.8　火焰刷子

使用火焰刷子可以在时间轴的当前帧中的舞台上绘制火焰。在"Deco 工具"属性面板中的"绘制效果"下拉列表中选择 火焰刷子 选项，其属性面板如图 2.7.20 所示。

其面板中的各选项含义介绍如下：

（1）火焰大小：用于设置火焰的宽度和高度。数值越大，创建的火焰就越大。

（2）火焰颜色：用于设置火焰中心的颜色。在绘制时，火焰从选定颜色变为黑色。

如图 2.7.21 所示为使用火焰刷子制作的动画效果。

图 2.7.20　"火焰刷子"属性面板参数

图 2.7.21　使用火焰刷子效果

2.7.9　花刷子

使用花刷子可以在时间轴的当前帧中绘制程式化的花。在"Deco 工具"属性面板中的"绘制效果”下拉列表中选择 花刷子 选项，其属性面板如图 2.7.22 所示。

其面板中的各选项含义介绍如下：

（1）花色：用于设置花的颜色。

（2）花大小：用于设置花的宽度和高度。数值越大，创建的花越大。

（3）树叶颜色：用于设置叶子的颜色。

（4）树叶大小：用于设置叶子的宽度和高度。数值越大，创建的叶子越大。

（5）果实颜色：用于设置果实的颜色。

（6）☑分支：选中此复选框，可以绘制花和叶子之外的分支。

（7）分支颜色：用于设置分支的颜色。

如图 2.7.23 所示为使用花刷子绘制的图形效果。

图 2.7.22 　"花刷子"属性面板参数 　　　　图 2.7.23 　使用花刷子绘图效果

2.7.10 　闪电刷子

使用闪电刷子可以创建闪电效果，还可以创建具有动画效果的闪电。在"Deco 工具"属性面板中的"绘制效果"下拉列表中选择 闪电刷子 选项，其属性面板如图 2.7.24 所示。

其面板中的各选项含义介绍如下：

（1）闪电颜色：用于设置闪电的颜色。

（2）闪电大小：用于设置闪电的长度。

（3）☑动画：选中此复选框，可以创建闪电的逐帧动画。

（4）光束宽度：用于设置闪电根部的粗细。

（5）复杂性：用于设置每支闪电的分支数。数值越大，创建的闪电越长，分支越多。

如图 2.7.25 所示为使用闪电刷子绘制的图形效果。

图 2.7.24 　"闪电刷子"属性面板参数 　　　　图 2.7.25 　使用闪电刷子绘图效果

2.7.11　粒子系统

使用粒子系统效果可以创建火、烟、水、气泡等粒子动画。在"Deco 工具"属性面板中的"绘制效果"下拉列表中选择 粒子系统 ▼ 选项，其属性面板如图 2.7.26 所示。

其面板中的各选项含义介绍如下：

（1）粒子 1：可以分配两个元件用做粒子，此选项是其中的第 1 个。如果未指定元件，将使用一个黑色的小正方形。

（2）粒子 2：此选项是第 2 个可以分配用做粒子的元件。

（3）总长度：用于设置从当前帧开始，动画的持续时间（以帧为单位）。

（4）粒子生成：用于设置在其中生成粒子的帧的数目。如果帧数小于 总长度：属性，则该工具会在剩余帧中停止生成新粒子，但是已生成的粒子将继续添加动画效果。

（5）每帧的速率：用于设置每个帧生成的粒子数。

（6）寿命：用于设置单个粒子在舞台上可见的帧数。

（7）初始速度：用于设置每个粒子在其寿命开始时移动的速度。速度单位是像素/帧。

（8）初始大小：用于设置每个粒子在其寿命开始时的缩放。

（9）最小初始方向：用于设置每个粒子在其寿命开始时可能移动方向的最小范围。测量单位是度。零表示向上；90 表示向右；180 表示向下，270 表示向左，而 360 还表示向上。允许使用负数。

（10）最大初始方向：用于设置每个粒子在其寿命开始时可能移动方向的最大范围。

（11）重力：当此数字为正数时，粒子方向更改为向下并且其速度会增大（就像正在下落一样）。如果重力是负数，则粒子方向更改为向上。

（12）旋转速率：应用到每个粒子的每帧旋转角度。

如图 2.7.27 所示为使用粒子系统制作的动画效果。

图 2.7.26　"粒子系统"属性面板参数

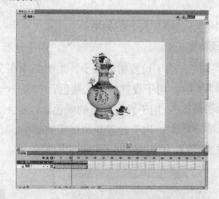

图 2.7.27　使用粒子系统效果

2.7.12　烟动画

使用烟动画可以创建程序化的逐帧烟动画。在"Deco 工具"属性面板中的"绘制效果"下拉列表中选择 烟动画 ▼ 选项，其属性面板如图 2.7.28 所示。

其面板中的各选项含义介绍如下：

（1）烟大小：用于设置烟的宽度和高度。数值越大，创建的烟越大。

（2）烟速：用于设置动画的速度。数值越大，创建的烟越快。

（3）烟持续时间：用于设置动画持续过程中在时间轴中创建的帧数。

（4）☑结束动画：选中此复选框，可以创建烟消散而不是持续冒烟的动画。Flash 会在指定的烟持续时间后添加其他帧以造成消散效果。如果要循环播放完成的动画以创建持续冒烟的效果，则不选择此选项。

（5）烟色：用于设置烟的颜色。

（6）背景颜色：用于设置烟的背景色。烟在消散后更改为此颜色。

如图 2.7.29 所示为使用烟动画的效果。

图 2.7.28　"烟动画"属性面板参数　　　　　图 2.7.29　使用烟动画效果

2.7.13　树刷子

使用树刷子可以快速创建树状插图。在"Deco 工具"属性面板中的"绘制效果"下拉列表中选择 树刷子 ▼选项，其属性面板如图 2.7.30 所示。利用此选项可以快速创建树状插图。

其面板中的各选项含义介绍如下：

（1）白杨树 ▼：用于选择要创建的树的种类。

（2）树比例：用于设置树的大小。数值必须在 75～100 之间，数值越大，创建的树越大。

（3）分支颜色：用于设置树干的颜色。

（4）树叶颜色：用于设置叶子的颜色。

（5）花/果实颜色：用于设置花和果实的颜色。

如图 2.7.31 所示为使用树刷子绘制的图形效果。

图 2.7.30　"树刷子"属性面板参数　　　　　图 2.7.31　使用树刷子绘图效果

2.8 颜 色 面 板

选择菜单栏中的 窗口(W) → 颜色(C) 命令，打开颜色面板，如图 2.8.1 所示。在颜色面板的 类型: 下拉列表中有无、纯色、线性渐变、径向渐变和位图 5 个选项，用户可以根据需要进行选择及设置，下面对其进行具体介绍。

2.8.1 纯色填充

纯色是指使用单一的颜色填充图形对象，其颜色面板如图 2.8.1 所示。

（1）   ：设置笔触颜色和填充颜色。

（2）   ：单击此按钮，将打开如图 2.8.2 所示的颜色列表，用户可从中选择一种颜色进行填充。如果在该列表中没有找到需要的颜色，可以单击列表右上角的   按钮，在弹出的"颜色"对话框中可自行设置。

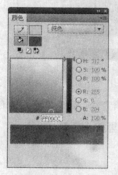

图 2.8.1 颜色面板

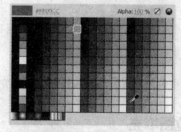

图 2.8.2 颜色列表

（3）   ：可将当前设置的笔触颜色和填充颜色切换为黑白色。

（4）   ：可将当前颜色设置为空。

（5）   ：可切换当前设置的笔触颜色和填充颜色。

（6）   ：即颜色选择器，用于直观地设置颜色。

（7）   ：设置当前颜色中的色相、饱和度和亮度。

（8）   ：设置当前颜色中红色、绿色和蓝色的浓度。

（9）   ：设置当前颜色的透明度。

（10）   ：设置当前颜色的十六进制值。

（11）   ：即当前颜色样本，用于直观显示创建的颜色。

2.8.2 线性渐变填充

线性渐变色的特点是颜色从起点到终点沿直线逐渐变化，选择菜单栏中的 窗口(W) → 颜色(C) 命令，打开颜色面板，在 类型: 下拉列表中选择"线性渐变"选项，颜色面板的外观发生改变，如图

2.8.3 所示。

(1)  流：设置渐变色的溢出模式，有扩展（默认模式）、放射和重复 3 种模式。

(2) ☐ 线性 RGB：设置是否创建 SVG 兼容的渐变色。

(3) ▉▉▉▉▉：即渐变色编辑栏，用于设置渐变色的起始点颜色和终点颜色。用户还可以在渐变色编辑栏上单击鼠标增加过渡色标，然后移动该色标的位置，调整它所对应颜色在渐变色中的位置。

2.8.3　径向渐变填充

径向渐变色的特点是颜色从起点到终点按照环形模式向四周逐渐变化，打开颜色面板，在 **类型：** 下拉列表中选择"径向渐变"选项，颜色面板的外观发生改变，如图 2.8.4 所示。

图 2.8.3　选择"线性渐变"选项后的颜色面板

图 2.8.4　选择"径向渐变"选项后的颜色面板

由于径向渐变色的设置方法与线性渐变色的完全相同，这里就不再赘述。

2.8.4　位图填充

在 Flash CS5 中，除了可以使用纯色、线性渐变色、径向渐变色填充图形之外，还可以使用位图填充。使用位图进行填充的前提是必须有导入的位图，并且已经将其打散。在颜色面板的"类型"下拉列表中选择"位图填充"选项，即可显示所有打散的位图，如图 2.8.5 所示。

注意： 打散是指将位图图像分离成图形，具体方法将在后面的章节做详细介绍。

(1) **导入...** 按钮：单击该按钮，弹出如图 2.8.6 所示的"导入到库"对话框，用户可以在其中选择需要的位图，然后单击 **打开(O)** 按钮，即可将图像导入到库中。

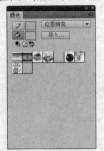

图 2.8.5　选择"位图填充"选项后的颜色面板

图 2.8.6　"导入到库"对话框

(2) ▦▦▦▦：位图选择区，用于直观地选择位图。

2.9　滴 管 工 具

使用滴管工具可以吸取图形的笔触属性、填充区域属性和文字属性，然后可将这些属性赋给其他图形。

2.9.1　吸取笔触属性

使用滴管工具可以吸取线条的颜色、高度及样式等属性，然后再将吸取的笔触属性赋给其他线条，其具体操作步骤如下：

（1）在工具箱中选择滴管工具。

（2）将鼠标光标移到图形的笔触上，光标会变成形状，此时单击鼠标即可吸取笔触的属性。

（3）单击鼠标后，光标会变成形状，即系统已将墨水瓶工具选中。

（4）将鼠标光标移到另一个图形的笔触上单击，即可将原图形的笔触属性复制到该图形上，如图 2.9.1 所示。

图 2.9.1　吸取图形的笔触属性

2.9.2　吸取填充区域属性

使用滴管工具吸取图形填充区域属性的操作与吸取笔触属性的操作基本相同，只是当用户将滴管工具移到填充区域时，光标会变成形状。当用户单击鼠标后，光标会变成形状，即系统已自动选中颜料桶工具，如图 2.9.2 所示。

图 2.9.2　吸取图形填充区域属性

提示：当用户将吸取的填充区域的内容赋予其他图形时，必须先单击"锁定填充"按钮，使该
　　　按钮处于弹起状态，此时光标的形状变成 形状，即可使用颜料桶工具进行填充；否则，
　　　填充的将是纯色。

2.9.3 吸取文字属性

使用滴管工具可以吸取文字的字体、大小、颜色等属性，其方法与吸取填充区域属性的方法相同。
但在吸取文字的属性之前，必须先选择目标文字，然后再使用滴管工具吸取源文字的属性，目标文字
即会被赋予源文字的属性，如图 2.9.3 所示。

图 2.9.3　吸取文字的颜色

2.10　颜料桶工具

使用颜料桶工具 可以用纯色、渐变色或位图填充图形，该工具属性面板如图 2.10.1 所示。
单击"颜料桶工具"属性面板中的"填充颜色"按钮，弹出颜色列表，用户可在该列表
中选择一种颜色作为填充区域的颜色。也可在菜单栏中选择 窗口(W) → 颜色(C) 命令，打开颜色面板，
如图 2.10.2 所示。

图 2.10.1　"颜料桶工具"属性面板

图 2.10.2　颜色面板

在颜色面板中单击"填充颜色"按钮，然后在 纯色 下拉列表中选择填充内
容。该列表包括 5 个选项，分别为无、纯色、线性渐变、径向渐变和位图填充，用户可在该列表中选
择不同的选项填充图形，具体操作步骤如下：

（1）当用户选择"无"选项时，使用颜料桶工具在图形的填充区域单击，即可将图形填充区域
的内容设置为"无"，如图 2.10.3 所示。

图 2.10.3　将图形填充区域的内容设置为"无"

（2）当用户选择"纯色"选项时，即可在颜色面板中的颜色选择器中选择一种纯色作为图形填充区域的颜色，如图 2.10.4 所示。

（3）当用户选择"线性渐变"选项时，即可使用线性渐变色填充图形，如图 2.10.5 所示。

图 2.10.4　使用纯色填充图形　　　　　图 2.10.5　使用线性渐变色填充图形

（4）当用户选择"径向渐变"选项时，即可使用径向渐变色填充图形，如图 2.10.6 所示。

（5）当用户选择"位图填充"选项时，即可使用导入的位图填充图形，如图 2.10.7 所示。

图 2.10.6　使用径向渐变色填充图形　　　　图 2.10.7　使用位图填充图形

当用户选择颜料桶工具时，工具选项区会显示该工具的相关按钮，分别为"空隙大小"按钮 🔘 和"锁定填充"按钮 🔳，这两个按钮的使用方法如下：

（1）单击"空隙大小"按钮 🔘，弹出其下拉菜单，如图 2.10.8 所示。

1）不封闭空隙：只能填充完全封闭的区域。

2）封闭小空隙：当填充区域存在较小的空隙时可以填充。

3）封闭中等空隙：当填充区域存在中等大小的空隙时可以填充。

4）封闭大空隙：当填充区域存在较大缺口时可以填充。

■ ○	不封闭空隙
○	封闭小空隙
○	封闭中等空隙
○	封闭大空隙

图 2.10.8　"空隙大小"下拉菜单

注意： 填充区域的空隙大小只是相对的，即当用户选择"封闭大空隙"时，实际上该空隙也很小。当空隙很大时，不能使用颜料桶工具进行填充。如果要填充，可先将该图形闭合，然后再进行填充。

（2）选择合适的填充颜色，根据图形填充区域中的空隙大小，选择合适的空隙封闭模式填充图形，效果如图 2.10.9 所示。

图 2.10.9　使用颜料桶工具填充图形

（3）单击"锁定填充"按钮，当填充内容为渐变色或位图时，系统将填充内容看做一个整体（相当于将渐变色映射到整个舞台中），如图 2.10.10 所示。

正常填充效果　　　　　　　　锁定填充效果

图 2.10.10　应用锁定填充前后的效果对比

2.11　墨水瓶工具

墨水瓶工具主要用于填充图形轮廓的颜色，也可用于更改轮廓的粗细、线型等，常与滴管工具配合使用。选择工具箱中的墨水瓶工具，其属性面板如图 2.11.1 所示。

由于墨水瓶工具的参数与线条工具的参数完全相同，它们的功能与设置方法也相同，这里就不再赘述。设置完成后，在图形轮廓上单击鼠标即可，如图 2.11.2 所示分别为改变图形轮廓颜色、粗细和线型后的效果。

图 2.11.1　"墨水瓶工具"属性面板　　　　图 2.11.2　使用墨水瓶工具填充图形轮廓

2.12　橡皮擦工具

橡皮擦工具用于擦除舞台上的对象，选择工具箱中的橡皮擦工具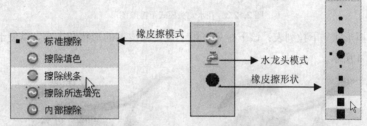，在选项栏中设置橡皮擦擦除模式、水龙头模式和橡皮擦形状，如图 2.12.1 所示。将鼠标指针移动到舞台上，按住并拖动鼠标即可进行擦除操作。

图 2.12.1　设置橡皮擦擦除模式、水龙头模式和橡皮擦形状

（1）"橡皮擦模式"按钮：单击该按钮，将弹出一个下拉菜单，5 种橡皮擦擦除模式的功能介绍如下：

1）**标准擦除** 模式：只擦除同一层上的线条和填充色，文字不受影响。

2）**擦除填色** 模式：只擦除填充色，所有的线条和外框都不受影响。

3）**擦除线条** 模式：只擦除线条，填充色不受影响。

4）**擦除所选填充** 模式：只能擦除选择区域中的填充内容，而对于线条无论是否被选中都不受影响。

5）**内部擦除** 模式：只擦除与鼠标起点区域填充色相同的鼠标指针经过区域的填充色，而不会擦除线条，如果从一个空白区域开始拖动鼠标指针，则不会擦除任何图形。

如图 2.12.2 所示的为橡皮擦工具在 5 种模式下的擦除效果。

原图　　　　　　　　　　标准擦除模式　　　　　　　　　擦除填色模式

擦除线条模式　　　　　　擦除所选填充模式　　　　　　　内部擦除模式

图 2.12.2　用 5 种橡皮擦模式擦除图形示例

提示：如果用户要擦除舞台中的所有对象，可双击工具箱中的"橡皮擦工具"按钮。

（2）"水龙头模式"按钮：单击该按钮进入水龙头模式，鼠标指针会呈现 形状，此时可以单击鼠标一次性擦除封闭区域内的填充色，如图 2.12.3 所示。

图 2.12.3　在水龙头模式下擦除图形

（3）"橡皮擦形状"下拉列表：该下拉列表用于设置橡皮擦的形状和大小，以便于更准确地擦除图形，如图 2.12.4 所示。

图 2.12.4　用不同形状的橡皮擦擦除图形

2.13　渐变变形工具

在填充图形时，既可以使用纯色填充，也可以使用渐变色和位图填充，还可以使用渐变变形工具对其填充效果进行缩放、旋转、拉伸和倾斜等操作。

2.13.1　调整渐变色填充效果

渐变色分为线性渐变和径向渐变，其调整方法也不同，具体操作步骤如下：

（1）绘制一个图形，并使用线性渐变色填充。

（2）在工具箱中选择渐变变形工具，使用该工具在图形的填充区域单击，此时，图形上出现两条渐变控制线，且该渐变控制线还包括两个渐变控制点，如图 2.13.1 所示。

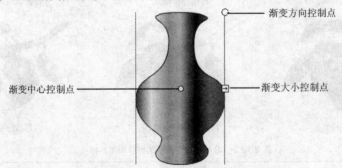

图 2.13.1　显示渐变控制线与控制点

（3）用鼠标单击并拖动渐变中心控制点，可以移动渐变中心的位置，如图 2.13.2 所示。

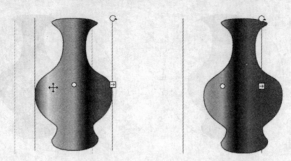

图 2.13.2　移动渐变中心的位置

（4）用鼠标单击并拖动渐变大小控制点，可以调整填充效果的渐变大小，从而对渐变内容进行缩放，如图 2.13.3 所示。

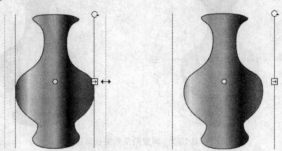

图 2.13.3　调整渐变大小

（5）用鼠标单击并拖动渐变方向控制点，可以调整填充效果的渐变方向，如图 2.13.4 所示。

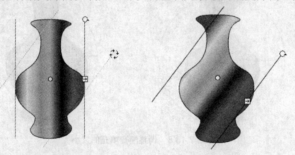

图 2.13.4　调整填充的渐变方向

（6）使用选择工具 选中图形的填充区域，并使用径向渐变色填充图形。

（7）使用渐变变形工具在图形的填充区域单击，此时，在图形周围将出现一个圆形的控制圈，且该控制圈包括 4 个控制点，如图 2.13.5 所示。

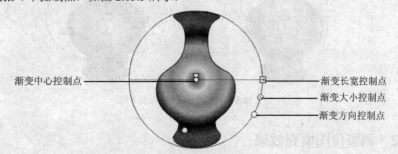

图 2.13.5　显示控制圈和控制点

（8）用鼠标单击并拖动渐变中心控制点，可移动渐变中心点的位置，如图 2.13.6 所示。

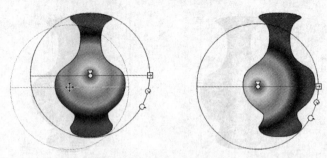

图 2.13.6　移动渐变中心点的位置

（9）用鼠标单击并拖动渐变长宽控制点，可调整渐变效果的长宽比，如图 2.13.7 所示。

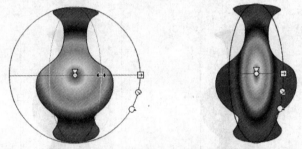

图 2.13.7　调整渐变效果长宽比

（10）用鼠标单击并拖动渐变大小控制点，可调整渐变填充的大小，如图 2.13.8 所示。

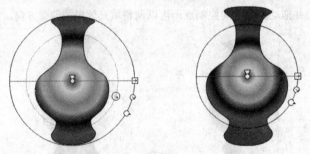

图 2.13.8　调整渐变填充的大小

（11）单击并拖动渐变方向控制点，可调整渐变效果的倾斜方向，如图 2.13.9 所示。

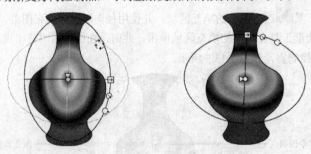

图 2.13.9　调整渐变效果的倾斜方向

2.13.2　调整位图填充效果

使用渐变变形工具 ![图标] 还可以调整位图填充效果，具体操作步骤如下：

（1）绘制一个图形，并使用位图填充。

（2）使用渐变变形工具 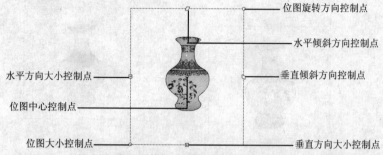 在图形的填充区域单击，此时，图形周围出现一个矩形控制框，且该控制框上包括 7 个控制点，如图 2.13.10 所示。

位图旋转方向控制点

水平倾斜方向控制点

垂直倾斜方向控制点

水平方向大小控制点

位图中心控制点

位图大小控制点

垂直方向大小控制点

图 2.13.10　显示控制框和控制点

（3）用鼠标单击位图中心控制点并拖动，可以移动填充区域中的位图，如图 2.13.11 所示。

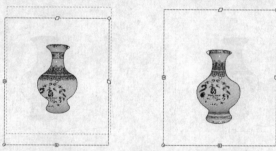

图 2.13.11　移动填充区域中的位图

（4）用鼠标单击位图大小控制点并拖动，可以调整填充区域中位图的大小，如图 2.13.12 所示。

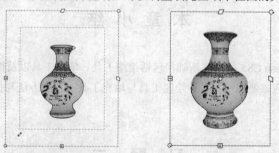

图 2.13.12　调整位图的大小

（5）用鼠标单击并拖动水平方向大小控制点或垂直方向大小控制点，可以沿水平或垂直方向改变填充区域中位图的大小，如图 2.13.13 所示。

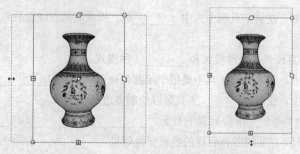

图 2.13.13　沿水平、垂直方向改变填充区域中位图的大小

（6）用鼠标单击并拖动水平倾斜方向控制点或垂直倾斜方向控制点，可沿水平方向或垂直方向倾斜填充区域的位图，如图 2.13.14 所示。

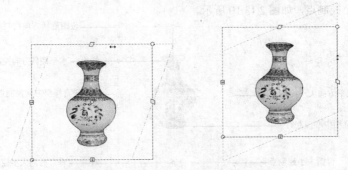

图 2.13.14　沿水平、垂直方向倾斜填充区域的位图

（7）用鼠标单击并拖动位图旋转方向控制点，可以旋转填充区域的位图，如图 2.13.15 所示。

图 2.13.15　旋转填充区域的位图

本 章 小 结

本章主要介绍了 Flash CS5 的绘图基础，包括绘图工具、填充工具以及橡皮擦工具的使用方法。通过本章的学习，读者应该熟练掌握各种绘图工具与填充工具的使用方法与技巧，以制作出色彩斑斓的优秀作品。

习　题　二

一、填空题

1．选中线条工具后，在其工具箱中选中_____时，所绘制的直线会分别成为一个单独的对象，相互不会受影响。

2．铅笔工具有伸直模式、平滑模式和_____3 种模式。

3．在 Flash CS5 中，基本椭圆工具主要用于绘制各种_____和_____。

4．在 Flash CS5 中，使用_____工具可以绘制多边形和星形。

5．在颜色面板的“类型”下拉列表中有无、_____、_____、_____和_____4 种填充类型，通过它们可以实现各种各样的色彩变换效果。

6._____工具用于填充封闭图形的内部区域，也可用于_____，但此时需要通过空隙模式设置填充空隙的大小。

7._____工具用于填充图形轮廓的颜色，也可以用于更改轮廓的_____、_____等，常与滴管工具配合使用。

8.在 Flash CS5 中，使用渐变变形工具可以对图形填充效果进行_____、_____、_____和倾斜等操作。

二、选择题

1.使用铅笔工具绘制平滑的线条时，应该选择（　）模式。

（A）伸直　　　　　　　　　　　　（B）平滑

（C）墨水　　　　　　　　　　　　（D）以上皆是

2.如果要使用椭圆工具绘制圆，只须在绘制的同时按住（　）键即可。

（A）Ctrl　　　　　　　　　　　　（B）Alt

（C）Shift　　　　　　　　　　　　（D）Shift+Alt

3.在 Flash CS5 中，当用户正在使用其他工具时，可按住（　）键，将该工具暂时转换为手形工具使用。

（A）Ctrl　　　　　　　　　　　　（B）Alt

（C）Shift　　　　　　　　　　　　（D）空格

4.在 Flash CS5 中，如果要擦除舞台中的所有对象，可（　）工具箱中的橡皮擦工具。

（A）单击　　　　　　　　　　　　（B）双击

（C）拖曳　　　　　　　　　　　　（D）全错

三、简答题

1.简述 Deco 装饰性绘画工具的绘制效果。

2.简述如何使用渐变变形工具调整图形的填充效果。

四、上机操作题

1.练习使用喷涂刷工具对绘制的图形添加图案效果。

2.绘制一个图形，对其进行锚点的添加、删除和转换操作。

3.练习使用本章所学的绘图工具和填充工具，绘制一幅如题图 2.1 所示的图形。

题图　2.1

第3章 Flash CS5 对象的操作

Flash 中的对象是指在舞台上所有可以被选取和操作的内容，每个对象都具有特定的属性和动作。创建各种对象后，就可以对其进行编辑修改操作，如对对象进行选取、移动、复制、删除等，还可以将多个对象进行变形、对齐、分离、组合等操作。

教学目标

（1）对象的基本操作。

（2）对象的变形操作。

（3）3D 平移和旋转对象。

（4）排列和合并对象。

（5）对齐对象。

（6）组合与分离对象

3.1 对象的基本操作

在 Flash CS5 中，对象的基本操作包括导入对象、选取对象、复制对象以及删除对象，下面对其进行具体介绍。

3.1.1 导入对象

在 Flash CS5 中，除了可以使用绘图工具绘制图形外，还可以使用 Flash 提供的导入功能将外部对象导入到 Flash 中，对其进行各种编辑操作。选择 文件(F) → 导入(I) → 导入到舞台(I)... 命令，在弹出的"导入"对话框中选择需要的对象（见图 3.1.1），然后单击 打开(O) 按钮即可导入。使用该方法导入的对象将同时添加至舞台和库面板中，如图 3.1.2 所示。

图 3.1.1 "导入"对话框

图 3.1.2 库面板

提示： 也可以选择 文件(F) → 导入(I) → 导入到库(L)... 命令，在弹出的"导入到库"对话框中选择需要的对象，然后单击 打开(O) 按钮即可导入。使用该方法导入的对象将添加到库面板中，用户在使用时须拖动它到舞台中。

1. 将位图转换为矢量图

将位图转换为矢量图与转换为矢量色块的效果不同，将位图转换为矢量图后，位图将变为矢量图；将位图转换为矢量色块后，位图仍然是位图。使用 转换位图为矢量图(B)... 命令可以将导入的各类位图对象转换为矢量图，具体操作步骤如下：

（1）选中要转换为矢量图的位图。

注意： 在 Flash CS5 中，分离后的位图不能转换为矢量图。

（2）选择 修改(M) → 位图(B) → 转换位图为矢量图(B)... 命令，弹出"转换位图为矢量图"对话框，如图 3.1.3 所示。

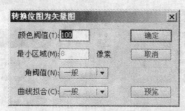

图 3.1.3　"转换位图为矢量图"对话框

其中各选项含义说明如下：

1）颜色阈值(T)：设置颜色的临界值，取值范围为 1～500。该值越小，转换速度越慢，转换后的颜色越多，与原图像的差别也就越小。

2）最小区域(M)：设置最小区域内的像素数，取值范围为 1～1 000。该值越小，转换后的图像越精确，与原图像的差别也就越小。

3）角阈值(N)：设置在转换时，如何处理对比强烈的边界，有较多转角、一般和较少转角 3 个选项。

4）曲线拟合(C)：设置曲线的平滑程度，有像素、非常紧密、紧密、一般、平滑和非常平滑 6 个选项。

（3）设置完成后，单击 确定 按钮，稍等片刻即可完成转换，效果如图 3.1.4 所示。

图 3.1.4　位图转换为矢量图前后的效果

2. 设置位图属性

通过"位图属性"对话框可以了解位图的名称、存放路径、创建时间、尺寸和预览效果，还可以更新位图，设置位图的压缩属性等，具体操作步骤如下：

（1）在库面板中选择要设置属性的位图，单击鼠标右键，在弹出的快捷菜单中选择 属性... 命令，弹出"位图属性"对话框，如图 3.1.5 所示。

其中各选项含义说明如下：

1）☑ 允许平滑(S)：选中该复选框，可以使位图边缘消除锯齿。

2）压缩(C)：设置位图文件的压缩方式，包括"照片（JPEG）"和"无损（PNG/GIF）"两个选项。若选择"照片（JPEG）"选项，则以 JPEG 格式压缩位图；若选择"无损（PNG/GIF）"选项，则以不损失位图质量为前提进行压缩。

3） 高级 ：可展开"位图属性"对话框，如图 3.1.6 所示。用户可以在此选项区中设置位图的链接和共享属性。

图 3.1.5 　"位图属性"对话框　　　　　　　图 3.1.6 　展开"位图属性"对话框

4） 更新(U) ：单击该按钮，更新导入的位图。

5） 导入(I)... ：单击该按钮，弹出"导入"对话框，用户可以导入一个新的位图。

6） 测试(T) ：单击该按钮，将压缩文件的大小与原来的文件大小进行比较，从而确定压缩设置是否可以接受。

（3）设置完毕后，单击 确定 按钮关闭"位图属性"对话框。

3.1.2　选取对象

Flash CS5 提供了多种选取对象的方法，主要使用选择工具和套索工具选取对象，下面对其进行具体介绍。

1．使用选择工具

选择工具的主要功能是选取对象。如果选取的对象是线条和图形，它们将以网格显示，如图 3.1.7 所示；如果选取的对象是组、实例和文本块，对象上将显示淡蓝色的实线框，如图 3.1.8 所示。

图 3.1.7 　以网格方式显示　　　　　　图 3.1.8 　以淡蓝色的实线框显示

使用选择工具可以选择一个对象、多个对象或对象的一部分。若要选择单个对象，则在选择工具箱中的选择工具![]后，直接单击要选择的对象即可；若要选择多个对象，可以在按住"Shift"键的同时，依次单击要选择的对象；若要选择对象的一部分，可以按住鼠标左键不放，然后拖动鼠标，用拖曳出的矩形框来进行选择，如图 3.1.9 所示。

选择单个对象　　　　　　　　选择多个对象　　　　　　　选择对象的一部分

图 3.1.9　使用选择工具选择对象

2．使用套索工具

与选择工具相比，套索工具的选择区域可以是不规则的，因而显得更加灵活。选择工具箱中的套索工具![]后，将鼠标指针移动到舞台上，当其呈现![]形状时，按住并拖动鼠标绘制一个封闭的区域。最后释放鼠标左键即可，其操作过程示意图如图 3.1.10 所示。

未被选中　　　　　　　　　　　　选中后

图 3.1.10　使用套索工具选取对象

选择工具箱中的套索工具![]后，在选项栏中将出现套索工具的附加选项，包括"**魔术棒工具**"按钮![]、"**魔术棒设置**"按钮![]和"**多边形模式**"按钮![]，如图 3.1.11 所示。

"魔术棒工具"按钮————　　　　　　　　　————"魔术棒设置"按钮

"多边形模式"按钮————

图 3.1.11　套索工具的附加选项

（1）"**魔术棒工具**"按钮![]：单击该按钮，进入魔术棒模式选取对象，该模式用于选取与单击鼠标处颜色相同及相近的区域。方法为移动鼠标指针到对象上，当其呈现![]形状时，单击鼠标左键即可，如图 3.1.12 所示。

（2）"**魔术棒设置**"按钮![]：单击该按钮，将弹出"魔术棒设置"对话框，如图 3.1.13 所示。

1）**阈值(T)：**设置色彩容差度，输入的数值越大，选取的相邻区域范围就越大，其取值范围为 0～200。

　　　　　　未被选中　　　　　　　　　　　　　　选中后

图 3.1.12　在魔术棒模式下选取对象

2）：设置选区边缘的平滑度，有像素、粗略、一般和平滑 4 个选项，如图 3.1.14 所示。

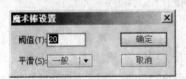　　　　　　

图 3.1.13　"魔术棒设置"对话框　　　　　　　图 3.1.14　"平滑"下拉列表

　　（3）"多边形模式"按钮：单击该按钮，进入多边形模式选取对象，该模式用于选取一个多边形形状的选区。方法为移动鼠标指针到对象上，当其呈现 形状时，移动鼠标并连续单击，然后双击鼠标左键结束操作即可，如图 3.1.15 所示。

　　　　　　未被选中　　　　　　　　　　　　　　选中后

图 3.1.15　在多边形模式下选取对象

3.1.3　修改对象

　　在 Flash CS5 中，修改对象的形状能够改善和优化对象质量，灵活运用修改对象命令可以产生意想不到的效果。

1．平滑

　　平滑命令可以使曲线变得平滑柔和，美化图形，减少曲线整体方向上的突起或其他变化，同时还会减少曲线中的线段数。平滑命令的使用方法如下：

　　（1）使用选择工具框选绘制的图形，如图 3.1.16 所示。

（2）选择 修改(M) → 形状(P) → 高级平滑(S)... 命令，或单击工具箱中的"平滑"按钮 🖑 ，多次执行可以加强平滑的效果，如图 3.1.17 所示。

图 3.1.16　选中对象　　　　　　　图 3.1.17　执行平滑命令效果

2．伸直

伸直命令可以使绘制好的曲线变成直线，它同样可以减少图形中的线条数。伸直命令的使用方法如下：

（1）使用选择工具 ▶ 选中绘制的图形，如图 3.1.18 所示。

（2）选择 修改(M) → 形状(P) → 高级伸直(T)... 命令，或单击工具箱中的"伸直"按钮 🖎 ，多次执行可以加强伸直的效果，如图 3.1.19 所示。

图 3.1.18　选中对象　　　　　　　图 3.1.19　执行伸直命令效果

3．优化

矢量图是由许多曲线构成的，曲线的数量越多，文件就越大，所以在输出动画之前，需要进行优化操作，从而减少动画文件的大小，具体操作步骤如下：

（1）选中需要优化的矢量图。

（2）选择菜单栏中的 修改(M) → 形状(P) → 优化(O)... 命令，弹出"优化曲线"对话框，如图 3.1.20 所示。

图 3.1.20　"优化曲线"对话框

其中各选项含义说明如下：

1） 优化强度(O)： ：设置平滑的程度。

2） ☑ 显示总计消息(T) ：设置在优化完毕后显示所有的优化信息。

（3）设置优化程度后，单击 确定 按钮完成优化，优化前后的效果如图 3.1.21 所示。

图 3.1.21　矢量图在优化前后的效果

4．将线条转换为填充

在 Flash CS5 中，虽然使用直线工具和铅笔工具都能绘制出均匀、粗细不等的线条，但不能美化线条，通过使用将线条转换为填充命令我们就可以对线条进行编辑了，并绘制出精美的线条。将线条转换为填充命令的使用方法如下：

（1）使用选择工具 选中要编辑的线条，如图 3.1.22 所示。

（2）选择菜单栏中的 修改(M) → 形状(P) → 将线条转换为填充(C) 命令，即可将选中的线条转换为填充。

（3）选择菜单栏中的 窗口(W) → 颜色(C) 命令，弹出颜色面板，如图 3.1.23 所示。

（4）在颜色面板中的"类型"下拉列表中选择"径向渐变"。编辑线条后的效果如图 3.1.24 所示。

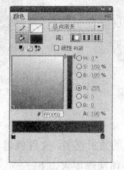

图 3.1.22　选中要编辑的线条　　　图 3.1.23　颜色面板　　　图 3.1.24　线条径向渐变效果图

5．扩展填充

扩展填充命令用于向内插入或向外扩展填充对象，其使用方法如下：

（1）使用选择工具 选中舞台中的图形，如图 3.1.25 所示。

（2）选择菜单栏中的 修改(M) → 形状(P) → 扩展填充(E)... 命令，弹出如图 3.1.26 所示的"扩展填充"对话框。

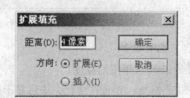

图 3.1.25　选中图形　　　图 3.1.26　"扩展填充"对话框

（3）通过设置"扩展填充"对话框中的各个选项来确定扩展填充的程度。在 距离(D): 文本框中输入数值，用来设置扩展宽度，它的单位是像素。选中 方向:选项区中的 ⊙扩展(E) 单选按钮表示向外扩展；选中 ⊙插入(I) 单选按钮表示向内扩展。单击 确定 按钮，效果如图 3.1.27 所示。

扩展　　　　　　　　　　　　　插入

图 3.1.27　应用扩展填充后的效果

6．柔化填充边缘

柔化填充边缘命令用于对象边缘的编辑，可以使直线边缘柔化为曲线，反之亦可。柔化填充边缘命令的使用方法如下：

（1）使用选择工具 选中舞台上的对象，如图 3.1.28 所示。

提示： 在 Flash CS5 中，柔化边缘命令与扩展填充命令一样，都只能作用在打散的对象上。

（2）选择菜单栏中的 修改(M) → 形状(P) → 柔化填充边缘(F)... 命令，弹出如图 3.1.29 所示的"柔化填充边缘"对话框。

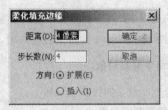

图 3.1.28　选中对象　　　　　图 3.1.29　"柔化填充边缘"对话框

（3）通过设置"柔化填充边缘"对话框的各个选项来确定柔化填充边缘的程度。在 距离(D): 文本框中输入数值，用来设置柔化宽度，它的单位是像素。在 步长数(N): 文本框中输入数值设置柔化边缘的数目，数值越大柔化边缘越多，效果越明显。选中 方向:选项区中的 ⊙扩展(E) 单选按钮表示选中对象的边缘向外柔化；选中 ⊙插入(I) 单选按钮表示选中对象的边缘向内柔化。单击 确定 按钮，效果如图 3.1.30 所示。

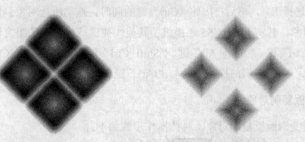

扩展　　　　　　　　　　　　　插入

图 3.1.30　应用柔化填充边缘效果

3.1.4　移动对象

将图形对象选中后，可通过以下 4 种方法移动对象。

（1）使用选择工具 选中对象后，当光标变成 形状时，单击并拖动对象，即可移动该对象。如果在移动对象的同时按住"Shift"键，则只能沿 45°的整数倍角度移动对象。

（2）按键盘上的方向键，可使对象每次移动 1 像素。

（3）打开被选中对象的属性面板，在其左下角的坐标区域中输入 X 坐标和 Y 坐标的值，通过更改对象的坐标值来移动对象。

（4）选择菜单栏中的 窗口(W) → 信息(I) 命令，打开信息面板，用户可通过更改对象的 X 坐标和 Y 坐标的数值来移动对象，效果如图 3.1.31 所示。

图 3.1.31　移动图形对象效果

3.1.5　复制对象

在制作动画的过程中，对需要重复使用的对象进行复制，可以大大减少重复性的工作。Flash CS5 提供了多种复制对象的方法，下面分别进行介绍。

1. 使用菜单命令复制对象

使用菜单命令复制对象的操作步骤如下：

（1）选择需要复制的对象。

（2）选择菜单栏中的 编辑(E) → 复制(C) 命令，将对象复制到剪贴板中。

（3）选择菜单栏中的 编辑(E) → 粘贴到中心位置(I) 命令将剪贴板中的副本粘贴到舞台的中心位置；选择菜单栏中的 编辑(E) → 粘贴到当前位置(P) 命令将副本粘贴到复制对象的原位置。

2. 使用快捷键复制对象

选择工具箱中的选择工具，然后在按住"Ctrl"键的同时，拖动所选对象到需要的位置，释放鼠标左键，可以复制该对象。其实 Flash CS5 还提供了其他快捷键或快捷键的组合辅助用户复制对象，例如"Alt"键、"Alt+Ctrl"键、"Shift+Alt"键、"Shift+Ctrl"键和"Shift+Alt+Ctrl"键，使用它们可以方便快捷地复制对象，由于它们的操作方法与"Ctrl"键相同，这里就不再赘述。

3. 使用变形面板复制对象

用户还可以使用变形面板复制对象，具体操作步骤如下：

（1）选择菜单栏中的 窗口(W) → 变形(T) 命令，打开变形面板。

（2）选择需要复制的对象，在变形面板中设置副本相对于该对象的大小、角度和倾斜属性。

（3）单击面板右下方的"重置选区和变形"按钮  复制对象，并将变形操作应用于副本，效果如图 3.1.32 所示。

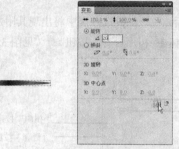

图 3.1.32　复制并变形对象

3.1.6　删除对象

删除对象是使对象从舞台上消失，删除对象的方法主要有以下 3 种：

（1）选择对象后，按"Delete"键或"Back Space"键。

（2）选择对象后，选择菜单栏中的 编辑(E) → 剪切(T) 或 清除(Q) 命令。

（3）选择对象后，单击鼠标右键，在弹出的快捷菜单中选择 剪切 命令。

提示： 如果删除的是矢量图或文本对象，则将其从当前文件中完全删除；如果删除的是从外部导入的对象等，则仅仅将其从舞台中删除，并不影响库面板中的相应元件。

3.2　对象的变形操作

变形对象指将舞台中的线条、图像、实例、文本等对象进行旋转、缩放、倾斜、扭曲、封套等操作。在 Flash 中通常使用部分选取工具、任意变形工具以及变形面板变形对象，下面分别进行介绍。

3.2.1　使用部分选取工具

部分选取工具用于改变使用钢笔、铅笔或者刷子等工具绘制的图形对象，具体操作步骤如下：

（1）选择工具箱中的部分选取工具 。

（2）移动鼠标指针到舞台上，当其呈现 形状时，单击图形轮廓显示其节点，如图 3.2.1 所示。

（3）移动鼠标指针到相应节点上，按住鼠标左键不放，将它拖动至其他位置即可，拖动的结果是使对象的形状发生改变，如图 3.2.2 所示。

图 3.2.1　显示节点　　　　　　　　　图 3.2.2　通过调整节点变形对象

3.2.2　使用任意变形工具

选择工具箱中的任意变形工具后，在该工具选项区中将出现其附加选项，包括"旋转与倾斜"按钮、"缩放"按钮、"扭曲"按钮和"封套"按钮（见图 3.2.3），通过它们可以缩放、旋转、倾斜、扭曲和封套变形对象。

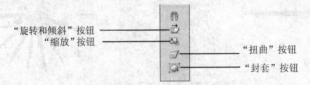

"旋转和倾斜"按钮
"缩放"按钮
"扭曲"按钮
"封套"按钮

图 3.2.3　任意变形工具的附加选项

1．旋转与倾斜对象

使用任意变形工具选取对象后，单击该工具选项区中的"旋转与倾斜"按钮，此时所选图形对象周围将显示一个有 8 个控制点的变形框。将鼠标指针移到变形控制框上的任意一个角点上，当指针变成 形状时，拖动鼠标即可对选中的图形进行旋转；将鼠标指针移到变形控制框任意一边的中点上，当指针变为 或 形状时，拖动鼠标即可对选中的图形进行垂直方向或水平方向的倾斜，如图 3.2.4 所示。

图 3.2.4　旋转和倾斜对象

2．缩放对象

使用任意变形工具选取对象后，单击该工具选项区中的"缩放"按钮，使其上显示变形控制点。将鼠标指针移到上、下两个控制点上，单击并拖动，可以纵向缩放位图；拖动左、右两个控制点，可以横向缩放位图；拖动 4 个角上的控制点，可以在两个方向上同时缩放位图，如图 3.2.5 所示。

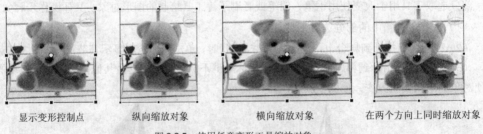

显示变形控制点　　　　　纵向缩放对象　　　　　横向缩放对象　　　　在两个方向上同时缩放对象

图 3.2.5　使用任意变形工具缩放对象

对象中的圆形控制点是默认的变形中心，上面介绍了以它为基础缩放对象的方法，其实，用户还可以改变其位置，然后再按照改变后的中心点为变形中心缩放对象，如图 3.2.6 所示。

注意： 也可在使用任意变形工具选取对象后，直接旋转、倾斜、缩放对象，而不必刻意地单击"旋转与倾斜"按钮和"缩放"按钮，因为任意变形工具在默认情况下就提供了这些功能。

图 3.2.6　改变变形中心的位置及缩放对象

3．扭曲对象

在 Flash CS5 中，扭曲的对象必须是图形，在扭曲文本和位图之前，必须将它们分离成图形。使用任意变形工具![图标]选取对象后，单击该工具选项区中的"扭曲"按钮![图标]，使其上显示变形控制点，如图 3.2.7 所示。用户可以发现扭曲对象时的变形控制点与缩放对象时的变形控制点稍有不同，即缺少了中间的圆形控制点。

图 3.2.7　扭曲对象时的变形控制点

若要对对象进行扭曲操作，直接将鼠标指针置于控制点上，当其呈现![图标]形状时，按住并拖动鼠标即可，如图 3.2.8 所示。

图 3.2.8　扭曲对象

4．封套对象

进行封套操作的对象与进行扭曲操作的对象一样，也必须是图形。使用任意变形工具![图标]选取对象后，单击该工具选项区中的"封套"按钮![图标]，使其中显示变形控制点，它由 8 个矩形控制点和 16 个圆形控制点组成，如图 3.2.9 所示。

图 3.2.9　封套变形对象时的变形控制点

若要对对象进行封套变形操作，直接将鼠标指针置于控制点上，当其呈现⌐形状时，按住并拖动鼠标即可，如图 3.2.10 所示。

图 3.2.10　封套变形对象

3.2.3　使用变形面板

在 Flash CS5 中，可以在变形面板中对选中的对象进行缩放、旋转、倾斜、3D 旋转等操作，下面对其进行具体介绍。

1．使用变形面板缩放对象

选取对象后，选择 窗口(W) → 变形(T) 命令，打开变形面板，在面板的 ↔ 或 ↕ 文本框中设置缩放比例，然后按"Enter"键即可，如图 3.2.11 所示。

图 3.2.11　使用变形面板等比例缩放位图

如果在缩放时单击"约束"按钮 🔗，当按钮变为 状态时，则需要分别在 ↔ 和 ↕ 文本框中输入缩放比例，此时，可以输入不同的数值，对对象进行非等比例缩放，如图 3.2.12 所示。

图 3.2.12　使用变形面板非等比例缩放位图

2．使用变形面板旋转对象

旋转对象指将对象沿着中心点进行旋转。选取对象后，选择 窗口(W) → 变形(T) 命令，打开变形面板，选中 ⊙ 旋转 单选按钮，在其后的文本框中输入 0°～360°或-1°～-360°之间的数值，然后按"Enter"键，即可沿顺时针或逆时针方向旋转对象，如图 3.2.13 所示。

图 3.2.13　旋转对象

注意： 同样，用户在使用变形面板旋转对象之前，也可以首先改变对象的中心点，然后再进行旋转操作。

3. 使用变形面板倾斜对象

倾斜对象是一种常见的变形方法。选取对象后，选择 窗口(W) → 变形(T) 命令，打开变形面板，选中 ⊙ 倾斜 单选按钮，在 或 文本框中输入倾斜角度，然后按"Enter"键即可在水平或垂直方向上倾斜对象，如图 3.2.14 所示。

图 3.2.14　倾斜对象

3.3　3D 平移和旋转对象

通过使用 Flash CS5 中的 3D 平移工具和 3D 旋转工具沿着影片剪辑实例的 Z 轴移动和旋转影片剪辑实例，可以向影片剪辑实例中添加 3D 透视效果。

3.3.1　3D 平移对象

使用 3D 平移工具 可以在 3D 空间中平移影片剪辑实例。使用 3D 平移工具选中对象后，X，Y 和 Z 轴将显示在舞台上对象的顶部，X 轴为红色、Y 轴为绿色，而 Z 轴为蓝色。当鼠标指针移动到相应的轴上时，可以看到指针上标示的 X，Y 或 Z，在相应的轴上拖曳鼠标，即可移动对象，如图 3.3.1 所示。

图 3.3.1　沿 X 轴移动对象效果

也可以在属性面板中的 ▽ 3D定位和查看 选项区中输入 X，Y 或 Z 值来改变对象的位置。当使用选择工具在舞台中选中多个影片剪辑时，可以使用 3D 平移工具移动其中一个选定对象，其他对象将以相同的方式移动，如图 3.3.2 所示。

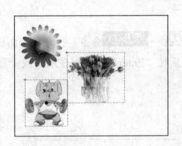

图 3.3.2　移动多个对象

3.3.2　3D 旋转对象

使用 3D 旋转工具  可以在 3D 空间中旋转影片剪辑实例。使用 3D 旋转工具选中对象后，X，Y 和 Z 轴将显示在舞台上对象的顶部，红色直线为水平轴 X、绿色直线为垂直轴 Y、蓝色圆形为纵深轴 Z，最外层橙色圆形表示可以同时绕 X，Y 和 Z 轴自由旋转，效果如图 3.3.3 所示。

图 3.3.3　3D 旋转对象效果

3.4　排列和合并对象

在绘制图形的过程中，系统会自动将用户在同一层中创建的对象按照先后顺序层叠放置，如果要查看某个对象，可调整该对象的叠放顺序来进行查看；如果要合并多个对象，可使用选择工具选中要合并的对象，然后使用合并对象功能对其进行各种合并操作。

3.4.1　排列对象

排列对象是指改变对象的叠放顺序。在调整对象的叠放顺序时，只限于调整舞台中同一层中的对象。方法为选取对象，然后选择 修改(M) → 排列(A) 命令中的子菜单命令，如图 3.4.1 所示。

图 3.4.1　"排列"子菜单

（1） 移至顶层(F) ：将所选对象移至顶层，如图 3.4.2 所示。

图 3.4.2　将对象移至顶层

（2） 上移一层(R) ：将所选对象在原叠放位置的基础上上移一层。

（3） 下移一层(E) ：将所选对象在原叠放位置的基础上下移一层。

（4） 移至底层(B) ：将所选对象移至底层。

注意：对于在合并绘制模型下绘制的相互重叠的图形是不能够调整顺序的，否则会出现切割现象。

3.4.2　合并对象

使用选择工具选中需要合并的多个对象，然后选择菜单栏中的 修改(M) → 合并对象(O) 命令，弹出如图 3.4.3 所示的子菜单，在其子菜单中有联合、交集、打孔和裁切 4 种合并对象功能，下面对其进行具体介绍。

1. 联合

使用 合并对象(O) 子菜单中的 联合 命令，可以将两个或多个图形对象合并成单个图形对象，效果如图 3.4.4 所示。

图 3.4.3　"合并对象"子菜单　　　　　　　图 3.4.4　应用"联合"的效果

2. 交集

使用 合并对象(O) 子菜单中的 交集 命令，将只保留两个或多个图形对象相交的部分，并将其合成为单个图形对象，效果如图 3.4.5 所示。

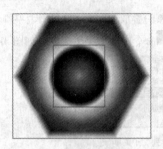

图 3.4.5 应用"交集"的效果

3. 打孔

使用 合并对象(O) 子菜单中的 打孔 命令，将使用位于上方的图形对象删除下方图形对象中的相应图形部分，并将其合并为单个图形对象，效果如图 3.4.6 所示。

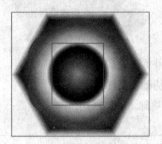

图 3.4.6 应用"打孔"的效果

4. 裁切

使用 合并对象(O) 子菜单中的 裁切 命令，将使用位于上方的图形对象保留下方图形对象中的相应图形部分，并将其合成为单个图形对象，效果如图 3.4.7 所示。

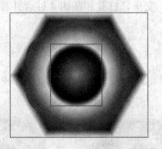

图 3.4.7 应用"裁切"的效果

3.5 对齐对象

在舞台中创建了多个对象后，往往要按照一定的方式将它们对齐，即调整对象彼此之间的相对位置，或者相对于舞台的位置。在 Flash CS5 中，用户可以借助于标尺、网格、辅助线等辅助工具对齐对象，但若要快捷精确地对齐对象，则需要使用对齐面板。选择 窗口(W) → 对齐(G) 命令，即可打开对齐面板，如图 3.5.1 所示。

对齐面板包括 对齐: 、 分布: 、 匹配大小: 和 间隔: 4 个区域，其中， 对齐: 区域用于对齐对象，它包含 6 个按钮，各按钮的功能如下：

（1）"左对齐"按钮 ：将所选对象以最左端对象的左边缘为基准对齐，如图 3.5.2 所示。

图 3.5.1　对齐面板

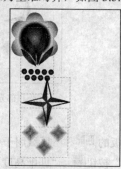

图 3.5.2　左对齐对象

（2）"水平中齐"按钮 ：将所选对象以中间对象的垂直中心线为基准对齐，如图 3.5.3 所示。

（3）"右对齐"按钮 ：将所选对象以最右端对象的右边缘为基准对齐，如图 3.5.4 所示。

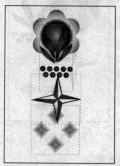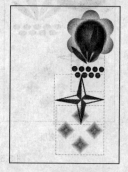

图 3.5.3　水平中齐效果　　　　　图 3.5.4　右对齐效果

（4）"顶对齐"按钮 ：将所选对象以最顶端对象的上边缘为基准对齐，如图 3.5.5 所示。

（5）"垂直中齐"按钮 ：将所选对象以中间对象的水平中心线为基准对齐，如图 3.5.6 所示。

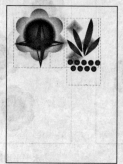

图 3.5.5　顶对齐效果　　　　　图 3.5.6　垂直中齐效果

（6）"底对齐"按钮 ：将所选对象以最底端对象的下边缘为基准对齐。

对齐面板的 分布: 区域用于以舞台中心或边界为基准分布对象。它包括"顶部分布"按钮 、"垂直居中分布"按钮 ![], "底部分布"按钮 ![], "左侧分布"按钮 ![], "水平居中分布"按钮 ![] 和"右侧分布"按钮 ![] 6 个按钮，常与对齐按钮配合使用，如图 3.5.7 所示为顶部分布和右侧分布对象效果。

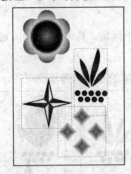
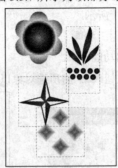

顶部分布　　　　　　　　　　　右侧分布

图 3.5.7　应用分布效果

　　对齐面板的 ![匹配大小]: 区域用于使所选对象的宽度相同或高度相同，或宽度和高度均相同。它包括"匹配宽度"按钮 ![]、"匹配高度"按钮 ![] 和"匹配宽和高"按钮 ![]，如图 3.5.8 所示为匹配对象的效果。

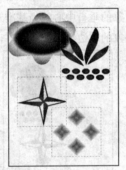

匹配宽度　　　　　　　　　　　匹配宽和高

图 3.5.8　匹配对象效果

　　对齐面板的 ![间隔]: 区域用于使对象在水平方向或垂直方向上间距相等。它包括"垂直平均间隔"按钮 ![] 和"水平平均间隔"按钮 ![]，如图 3.5.9 所示为平均间隔效果。

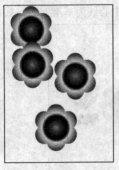

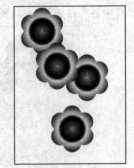

原图　　　　　　　　　垂直平均间隔　　　　　　　　水平平均间隔

图 3.5.9　平均间隔对象

注意：在对齐面板中选中 ![☑与舞台对齐] 复选框，可使选中的对象以舞台的 4 条边线为基准对齐、分布、匹配尺寸和调整间隔。

3.6　组合与分离对象

绘制的图形在未组合之前被称为形状，当用户要对该图形进行选择、复制、移动等操作时，必须先将该图形组合为一个整体，这样就可以将该图形当成一个整体来处理。若要对组中的某个对象进行单独处理时，可在不取消对象组合的情况下使用分离命令对其进行单独处理。

3.6.1　组合对象

当舞台上有多个图形对象时，为了防止其相对位置发生变化，可以将它们组合以后再使用。如果要组合对象，可使用选择工具将需要组合的对象选中，然后选择 修改(M) → 组合(G) 命令即可，此时，该组合对象被看做一个整体，可对其进行移动、缩放和旋转等操作，如图 3.6.1 所示。

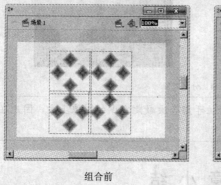
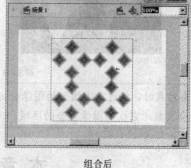

组合前　　　　　　　　　　　　　　　　　组合后

图 3.6.1　组合图形对象

如果要将组合后的图形解组，可在菜单栏中选择 修改(M) → 取消组合(U) 命令分解图形对象。用户还可以编辑调整组合图形中的子对象，其具体操作方法如下：

（1）使用选择工具 选中组合后的图形。

（2）使用鼠标双击组合图形，进入组编辑状态，如图 3.6.2 所示。

（3）编辑组合图形中的子对象，如图 3.6.3 所示。

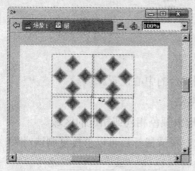
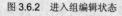
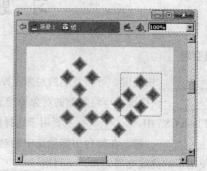

图 3.6.2　进入组编辑状态　　　　　　　　图 3.6.3　编辑组合图形中的子对象

（4）单击 按钮即可返回到文档编辑状态，此时的组合对象已变成编辑后的对象，并再次成为一个整体。

技巧：按 "Ctrl+G" 键可以快速组合图形，按 "Ctrl+Shift+G" 键可快速解组对象。

3.6.2　分离对象

在 Flash CS5 中，如果要对图形进行一些统一的操作，例如更改图形对象的所有线条颜色，此时将对象分离可以加快操作的速度。若要使用套索工具的魔术棒模式编辑位图，必须将位图分离。分离对象的方法很简单，只需选中要分离的对象，然后选择菜单栏中的 修改(M) → 分离(K) 命令，或按"Ctrl+B"键即可将其对象分离，如图 3.6.4 所示。

图 3.6.4　分离对象

注意： 在分离对象时，经过多次组合的图像会位于组合次数比它少的图像上方，因此在分离后会覆盖组合次数比它少的图像重合的区域。

本 章 小 结

本章主要介绍了 Flash CS5 中对象的操作方法，包括对象的基本操作、对象的变形操作、3D 平移和旋转对象、排列与合并对象、对齐对象以及组合与分离对象等内容。通过本章的学习，读者应熟练掌握各种对象的操作方法与技巧，并能将它们灵活应用到动画制作中。

习 题 三

一、填空题

1. 按_____快捷键，可将复制的对象粘贴到舞台的中心位置。

2. 按_____快捷键，可将复制的对象原位置粘贴。

3. 在 Flash CS5 中，_____主要用于选择图形中颜色相同或相近的区域。

4. 按住_____键，在舞台中拖动选中的对象，释放鼠标后可以直接复制该对象。

5. 要使图形的曲线变得柔和，可利用_____、_____或_____命令。

6. 利用合并对象中的_____命令，可以将两个或多个图形对象合并成单个图形对象。

7. 在 Flash CS5 中，通过使用_____工具和_____工具可以向影片剪辑实例中添加 3D 透视效果。

8. 双击组合对象，可以将舞台从场景编辑状态切换至_____状态。

二、选择题

1. Flash CS5 提供的导入图形图像的方法有（　　）。

　　（A）导入到舞台　　　　　　　　　　（B）导入到库

　　（C）导入到元件　　　　　　　　　　（D）从外部库中导入

2. 选择对象后，按（　　）键可以将该对象从舞台中删除。

　　（A）Delete　　　　　　　　　　　　（B）Back Space

　　（C）Shift+Delete　　　　　　　　　 （D）Alt+Delete

3. 在 Flash CS5 中，任意变形工具包含（　　）个附加选项。

　　（A）2　　　　　　　　　　　　　　（B）3

　　（C）4　　　　　　　　　　　　　　（D）5

4. 在 Flash CS5 中，按（　　）键可以打开变形面板。

　　（A）Ctrl+T　　　　　　　　　　　 （B）Ctrl+O

　　（C）Alt+T　　　　　　　　　　　　（D）Shift+ Alt

5. 在 Flash CS5 中，按（　　）键可以组合对象。

　　（A）Ctrl+G　　　　　　　　　　　 （B）Ctrl+Shift+G

　　（C）Alt+G　　　　　　　　　　　　（D）Shift+G

6. 在 Flash CS5 中，按（　　）键可以分离对象。

　　（A）Ctrl+K　　　　　　　　　　　 （B）Ctrl+G

　　（C）Ctrl+B　　　　　　　　　　　 （D）Ctrl+T

三、简答题

1. 选择工具是工具箱中最常用的工具，它具有哪些功能？

2. 任意变形工具具有哪些功能？

3. 简述如何对对象添加 3D 透视效果。

四、上机操作题

1. 练习使用本章所学的对齐面板与任意变形工具，制作如题图 3.1 所示的图像效果。

2. 练习使用本章所学的知识，制作如题图 3.2 所示的图像效果。

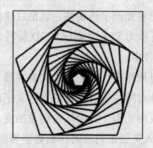

　　　　题图　3.1　　　　　　　　　　　　　　　　　　题图　3.2

第 4 章　Flash CS5 特效文字的操作

文本可以说是动画必不可少的一个组成部分，在创建动画时可以通过输入文本来表达主题，通过设置文本格式可以让文本在整个动画中起到锦上添花的作用。

教学目标

（1）TLF 文本。
（2）传统文本。
（3）设置文本属性。
（4）编辑文本。
（5）将滤镜应用于文本。

4.1　TLF 文　本

从 Flash CS5 开始，用户可以使用文本布局框架（TLF）向 FLA 文件添加文本，TLF 支持更多丰富的文本布局功能和文本属性的精细控制。

4.1.1　TLF 文本的功能

与以前的文本引擎相比，TLF 文本可加强对文本的控制，具体介绍如下：
（1）更多字符样式，包括行距、连字、加亮颜色、下画线、删除线、大小写、数字格式及其他。
（2）更多段落样式，包括通过栏间距支持多列、末行对齐选项、边距、缩进、段落间距和容器填充值。
（3）控制更多亚洲字体属性，包括直排内横排、标点挤压、避头尾法则类型和行距模型。
（4）用户可以为 TLF 文本应用 3D 旋转、色彩效果以及混合模式等属性，而无须将 TLF 文本放置在影片剪辑元件中。
（5）文本可按顺序排列在多个文本容器。这些容器称为串接文本容器或链接文本容器。
（6）能够针对阿拉伯语和希伯来语文字创建从右到左的文本。
（7）支持双向文本，其中从右到左的文本可包含从左到右文本的元素，当遇到在阿拉伯语或希伯来语文本中嵌入英语单词或阿拉伯数字等情况时，此功能必不可少。

注意：TLF 文本无法用做遮罩，要使用文本创建遮罩，就需要使用传统文本。

4.1.2　创建 TLF 文本

TLF 文本是 Flash CS5 中的默认文本类型，它提供了点文本和区域文本两种类型的 TLF 文本容器。

点文本容器的大小仅由其包含的文本决定，区域文本容器的大小与其包含的文本量无关。选择工具箱中的文本工具 T 后，将鼠标指针移动到舞台上，当鼠标指针呈现 ⊥ 形状时表明该工具已经被激活，此时的属性面板如图 4.1.1 所示。

下面对各选项含义介绍如下：

（1）〈实例名称〉：用于设置文本的名称，便于进行管理和识别。

（2）TLF 文本：在此下拉列表中有 "TLF 文本" 和 "传统文本" 两种选项，默认情况下为 "TLF 文本"。

（3）可选：TLF 文本的类型包括只读、可选和可编辑 3 种，每种文本类型都有它相关的选项。要对文本属性进行设置，必须先进行文本类型的设置。

　1）只读：当作为 SWF 文件发布时，文本无法被选中或编辑。

　2）可选：当作为 SWF 文件发布时，文本可以被选中并可复制到剪贴板，但不可以对其进行编辑。对于 TLF 文本，此设置是默认设置。

　3）可编辑：当作为 SWF 文件发布时，文本可以被选中和编辑。

（4）⊨▼：利用此下拉列表可以更改文字的方向，它包括 水平 和 垂直 两种形式。

（5）▽ 位置和大小：在此选项区中可以对文本框的位置、大小进行精确调整。

（6）▽ 3D 定位和查看：在此选项区中可以直接对文本进行 3D 效果编辑，编辑文本的 X，Y，Z 位置以及透视的宽和高，调整透视角度和高度，设置消失点的位置。

（7）▽ 字符：此选项区作为一个常用的编辑选项，它的主要设置对象为单个或成组字符的属性，包括对字体的序列、样式、嵌入方式、大小和颜色的设置，还有文本的行距、字距和锯齿的调整。

　1）系列：用于设置字体的名称。TLF 文本仅支持 OpenType 和 TrueType 字体。

　2）样式：用于设置字符的显示方式，包括粗体、斜体、仿粗体和仿斜体 4 种方式。当选择 TLF 文本对象时不能使用仿斜体和仿粗体样式。

　3）嵌入...：单击此按钮，将弹出如图 4.1.2 所示的 "字体嵌入" 对话框，用户可在此对话框中设置字体的嵌入方式。

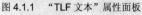
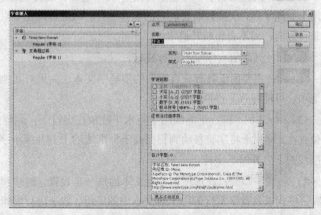

图 4.1.1　"TLF 文本" 属性面板　　　　　　图 4.1.2　"字体嵌入" 对话框

　4）大小：用于设置字符的大小，字符大小以像素为单位。

　5）行距：用于设置文本行之间的垂直间距。默认情况下，行距用百分比表示，但也可用点表示。

6）　％　▼ ：在此下拉列表中提供了两种类型的文本容器，点文本和区域文本，默认使用点文本。要将点文本容器更改为区域文本，可使用选择工具调整其大小或双击容器边框右下角的小圆圈，如图 4.1.3 所示。

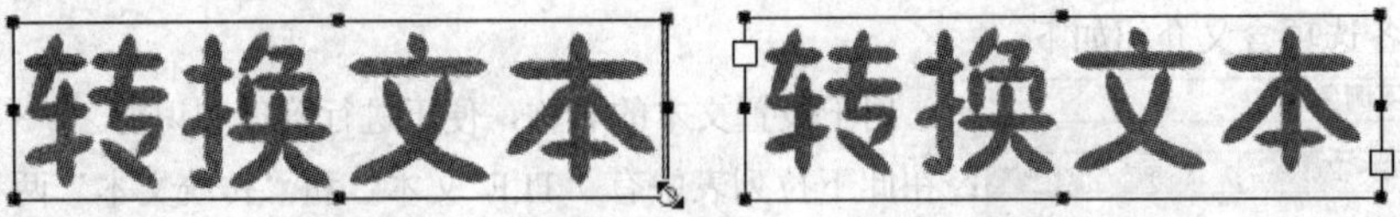

图 4.1.3　转换文本效果

7）颜色：：用于设置文本的颜色。

8）字距调整：：用于设置所选字符之间的间距。

9）加亮显示：：用于加亮颜色。

10）字距调整：用于在特定字符之间加大或缩小距离。TLF 文本使用字距调整选项（内置于大多数字体内）自动调整字符字距。

11）消除锯齿：：用于改变文本字体的呈现方式，当使用 TLF 文本时包括以下 3 种方式。

使用设备字体：指定 SWF 文件使用本地计算机上安装的字体来显示文本。通常设备字体采用大多数字体大小时都很清晰。此选项不会增加 SWF 文件的大小，但是，它强制用户依靠计算机上安装的字体来进行文本显示。使用设备字体时，应选择最常安装的字体系列。

可读性：用于创建高清晰的文本，即使在字号较小时也非常清晰。要对给定文本块使用此选项，须嵌入文本对象使用的字体。

动画：通过忽略对齐方式和字距调整选项来创建更平滑的动画。要对给定文本块使用此选项，须嵌入文本块使用的字体。

注意： 由于使用"动画消除锯齿"呈现的文本在字号较小时显示不清晰，因此，建议用户在指定"动画消除锯齿"时使用 10 磅以上的字号。

12）旋转：用户可以通过此选项旋转各个字符。为不包含垂直布局信息的字体指定旋转可能出现非预期的效果。旋转包括以下值：

自动：仅对全宽字符和宽字符指定 90° 逆时针旋转，这是字符的 Unicode 属性决定的。此值通常用于亚洲字体，仅旋转需要旋转的那些字符。此旋转仅在垂直文本中应用，使全宽字符和宽字符回到垂直方向，而不会影响其他字符。

0°：强制所有字符不进行旋转。

270°：主要用于具有垂直方向的罗马字文本。如果对其他类型的文本（如越南语和泰语）使用此选项，可能导致非预期的效果。

13）T T T T：下画线用于将水平线放在字符下；删除线用于将水平线置于从字符中央通过的位置；上标用于将字符移动到稍微高于标准线的上方并缩小字符；下标用于将字符移动到稍微低于标准线的下方并缩小字符。

（8）▽ 高级字符：此选项区是对文本的进一步设置，链接和目标用于文本超链接的设置；大小写、数字格式以及数字宽度等用于对文本中的字母、数字进行编辑；连字和间断是对字体的连写效果的编辑；基准基线、对齐基线、基线偏移以及区域设置都是针对亚洲文字选项的编辑。

（9）▽ 段落：此选项区用于对整个段落的基础编辑，包括对齐方式、字符边距、间距、缩进和文本对齐选项。

（10）▽ 高级段落：在此选项区中包括标点挤压、避头尾法则类型以及行距模型设置。标点挤压用于确定如何应用段落对齐，调整段落中的标点间距；避头尾法则类型用于处理日语中不能出现在行首和行尾的字符；行距模型是设置调整行距基准和行距方向组合的段落格式。

（11）▽ 容器和流 ：用于控制影响 TLF 文本的文本容器，包括行为、最大字符数、容器填充、首行线偏移和区域设置等。行为控制容器随文本增加而扩展的方式有单行、多行和不换行 3 种；最大字符数、文本与容器的对齐方式、首行线偏移可以调整容器的字符、对齐、首行对齐、列数和间距；填充用于调整文本与选定容器之间的边距；选定容器的边框和背景色彩可以自主选择；区域设置用于在流级别设置国家区域属性。

（12）▽ 色彩效果 ：此选项区用于调整容器和文本的色彩效果，包括亮度、色调、高级以及 Alpha 4 种色彩效果。

（13）▽ 显示 ：用于设置容器中文本的显示效果，包括一般、图层、正片叠底、滤色、差值以及反相等。

（14）▽ 滤镜 ：用于设置容器的显示效果，为容器添加投影、发光等滤镜效果。

4.2　传　统　文　本

在 Flash CS5 中，传统文本有静态文本、动态文本和输入文本 3 种类型。其中，静态文本是指在创作过程中确定动画内容的文本；动态文本是指能动态显示、及时更新的文本；输入文本是指允许用户在动画播放过程中进行修改的文本。通常情况下的文本是静态的，在动画播放过程中，静态文本是不能够被编辑的。

4.2.1　创建静态文本

默认状态下，使用文本工具可以创建水平文本，即文字自左向右依次进行排列，而当选择静态文本类型时，也可创建从左向右或从右向左流动的垂直文本。

（1）选择工具箱中的文本工具 T ，将鼠标指针移动到舞台上，当鼠标指针呈现 十 形状时表明该工具已经被激活。

（2）在属性面板中的"文本引擎"下拉列表中选择"传统文本"选项，然后在"文本类型"下拉列表中选择"静态文本"选项，其属性面板的各选项参数如图 4.2.1 所示。

（3）如果要指定文本的排列方式，可在属性面板中单击"改变文本方向"按钮 ，打开设置文本方向的下拉列表选项，如图 4.2.2 所示。

　　图 4.2.1　"传统文本"属性面板　　　　　　图 4.2.2　"改变文本方向"下拉列表

1）水平：选择该默认选项，将在水平方向上从左向右依次排列文本。

2）垂直：选择该选项，将在垂直方向上从右向左排列文本。

3）垂直，从左向右：选择该选项，将在垂直方向上从左向右排列文本。

如图 4.2.3 所示为设置为不同文本方向时创建的文本的效果。

您是一棵大树，
春天倚着您幻想，
夏天倚着您繁茂，
秋天倚着您成熟，
冬天倚着您沉思！

图 4.2.3　不同的文本方向

（4）属性面板中的"系列""样式""大小"和"颜色"选项，可以设置静态文本的字体、样式、字号和颜色。

（5）如果输入的文本是段落文本，可以通过属性面板中的"段落"选项区域来设置文本的边距、缩进、间距以及对齐方式等段落属性。

（6）当设置好文本属性后，可根据自己的需要选择以下任意一种方式创建静态文本。

1）自动调节列宽文本框：该文本框是 Flash CS5 的默认文本框类型，其宽度随输入文本的多少自动调节，在其右上角有一个小圆圈，如图 4.2.4 所示。当在自动调节列宽文本框中输入文本时，文本不会自动换行，如果需要换行必须按"Enter"键。

2）固定宽度文本框：选择工具箱中的文本工具 T，在舞台上按住鼠标左键并拖曳鼠标，会出现一个右上角带有正方形手柄的输入框，即进入文本的固定宽度输入状态，如图 4.2.5 所示。当在输入框中输入文本时，输入框的宽度不会随着输入文本的长度而变化，如果输入文本的长度超过了该输入框，将会自动换行。

图 4.2.4　自动调节列宽文本框　　　　　　　图 4.2.5　固定宽度文本框

4.2.2　创建动态文本和输入文本

动态文本和输入文本的创建方法与静态文本基本相似，用户只需在属性面板中设置好文本的类型和属性即可，不同之处在于这两种文本类型只能创建水平方向上的文本，而无法创建垂直文本。

（1）选择工具箱中的文本工具 T，将鼠标指针移动到舞台上，当鼠标指针呈现 ⊥ 形状时表明该工具已经被激活。

（2）在属性面板的"文本类型"下拉列表中可选择"动态文本"或"输入文本"选项，如图 4.2.6 所示。

（3）此时可根据需要在其属性面板中设置文本的各项属性，然后在舞台中输入所需的文本内容。当输入的文本为扩展的动态或输入文本块，会在该文本块的右下角出现一个圆形手柄；当输入的文本为固定高度和宽度的动态或输入文本块，会在该文本块的右下角出现一个方形手柄，如图 4.2.7 所示。

图 4.2.6   "文本类型"下拉列表   图 4.2.7   输入文本时的状态

提示： 将鼠标指针置于文本框右下角的小圆圈上，当其呈现双向箭头时，按住鼠标左键不放并拖动，即可将扩展的文本切换为固定宽度输入文本，如图 4.2.8 所示；若将鼠标指针置于固定宽度文本框右下角的小方块上，当其呈现双向箭头时，双击鼠标左键，即可将其转换为可扩展的文本。

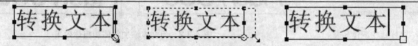

图 4.2.8   由默认输入状态切换至固定宽度输入状态

4.2.3   将动态文本转换为滚动字段

在 Flash CS5 中，若要将输入的动态文本转换为可滚动的字段，可通过以下 3 种方法：

（1）使用工具箱中的选择工具 选中输入的动态文本块，然后选择菜单栏中的 文本(T) → 可滚动(R) 命令。

（2）使用工具箱中的选择工具 选择动态文本块后单击鼠标右键，从弹出的快捷菜单中选择 可滚动 命令。

（3）在舞台中输入动态文本后，按住"Shift"键并双击动态文本块上的手柄即可。

4.3   设置文本属性

在输入文本之后，用户还可以设置文本的字体、字体大小、文本颜色、字母间距、字符位置、排版方向以及超链接等属性，下面分别对其进行介绍。

4.3.1   设置字体

在 Flash CS5 中，用户可以通过属性面板或菜单命令设置文本的字体属性。

1. 通过属性面板设置字体

通过属性面板设置字体的操作步骤如下：

（1）选择工具箱中的文本工具 ，打开属性面板。

（2）在"字体"下拉列表中选择需要的字体选项即可。

2．通过菜单命令设置字体

选择 文本(T) → 字体(F) 命令，弹出"字体"子菜单，在其中选择一种需要的字体即可。

4.3.2　设置字体样式

用户还可以单击附加字体按钮定义文本的附加效果，具体操作步骤如下：

（1）选中要设置附加字体的文本。

（2）在属性面板中的 样式: 右侧单击 ▼ 下拉按钮，弹出"样式"下拉列表，如图 4.3.1 所示。用户可从下拉列表中选取合适的字体样式，如图 4.3.2 所示为对文本添加斜体和粗体样式效果。

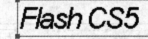

图 4.3.1　"样式"下拉列表　　　　　　　　　　图 4.3.2　为文本添加斜体和粗体效果

4.3.3　设置字体大小

设置字体大小的操作步骤如下：

（1）选中要设置字体大小的文本。

（2）在属性面板中的 大小: 文本框中输入一个介于 0～2 500 的数值，或者直接将鼠标放在该文本框上，当鼠标变为 形状时，左右拖动鼠标即可改变字体大小，也可以选择 文本(T) → 大小(S) 命令，在弹出的"大小"子菜单中选择需要的字体大小。如图 4.3.3 所示为字号为 10，20，30 和 40 时的文本效果。

中文Flash CS5应用实践教程
中文**Flash CS5**应用实践教程
中文**Flash CS5**应用实践教程
中文**Flash CS5**应用实践教程

图 4.3.3　设置字体大小

4.3.4　设置文本颜色

设置文本颜色的操作步骤如下：

（1）选中要设置颜色的文本。

（2）在属性面板中单击"文本颜色"按钮 ，打开如图 4.3.4 所示的颜色列表，从中选择一种颜色。

（3）如果用户对颜色列表中的颜色不满意，可以单击"颜色"按钮 ，在弹出的"颜色"对话框中自定义颜色，如图 4.3.5 所示。

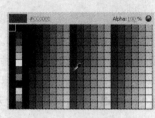

图 4.3.4　颜色列表

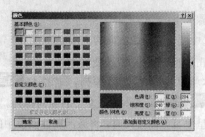

图 4.3.5　"颜色"对话框

4.3.5　设置字母间距

设置字母间距的操作步骤如下：

（1）选中要设置字母间距的文本。

（2）在属性面板的字母间距：0.0 文本框中输入一个介于 -60～60 之间的数值，或者直接将鼠标放在该文本框上，当鼠标变为 形状时，左右拖动鼠标改变字母的间距。如图 4.3.6 所示为字母间距为 20，10，0 和 -10 时的文本效果。

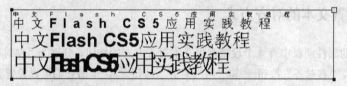

图 4.3.6　设置字母间距效果

4.3.6　设置字符位置

选中要设置字符位置的文本，在属性面板中单击"切换上标"按钮 ，可以将文本缩小并上升到基线之上；单击"切换下标"按钮 ，可以将文本缩小并降低到基线之下，如图 4.3.7 所示。

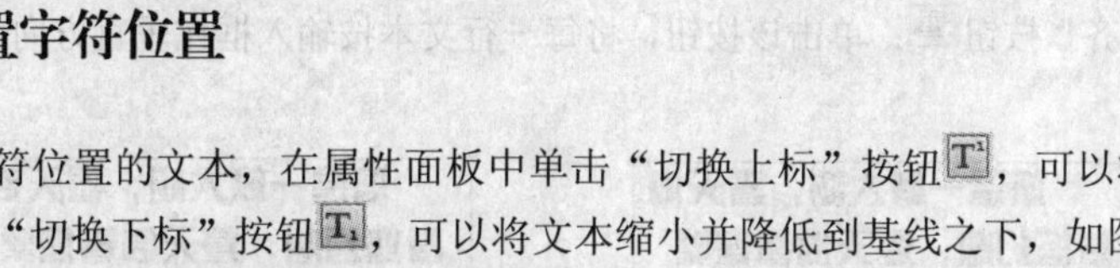

切换上标效果

切换下标效果

图 4.3.7　设置字符位置

4.3.7　设置文本的排版方向

一般情况下，文本的排版方向为从左至右横向排列，用户可以通过属性面板改变文本的排版方向。

具体操作步骤如下：

（1）选中要设置排版方向的文本。

（2）单击属性面板中的"改变文本方向"按钮 ，弹出如图 4.3.8 所示的下拉菜单。若选择 水平 选项，文本将从左至右横向排列；若选择 垂直 选项，文本将从上至下纵向排列；若选择 垂直，从左向右 选项，文本将从左至右纵向排列。

当文本呈垂直方向排列时，将激活属性面板中的"旋转"按钮 ，单击它可旋转文本，如图 4.3.9 所示。

图 4.3.8　"改变文本方向"下拉菜单　　　　　　　图 4.3.9　旋转文本

4.3.8　设置文本的对齐方式

在文本工具的属性面板中有 4 个设置水平文本对齐方式的按钮，分别为"左对齐"按钮 、"居中对齐"按钮 、"右对齐"按钮 和"两端对齐"按钮 ，单击它们可以设置文本的对齐方式。

（1）"左对齐"按钮 ：单击该按钮，将每一行文本的开始位置与输入框的左边缘对齐，是最常用的对齐方式，如图 4.3.10 所示。

（2）"居中对齐"按钮 ：单击该按钮，将每一行文本按输入框在垂直方向上的中心位置对齐，如图 4.3.11 所示。

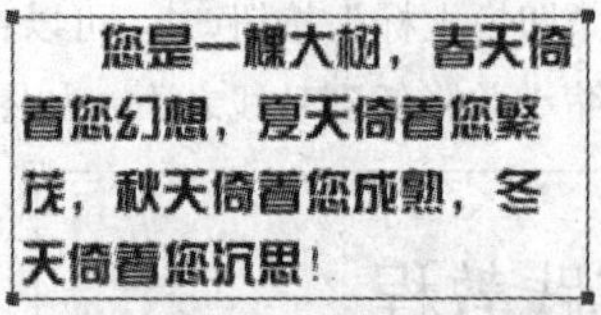

图 4.3.10　左对齐效果 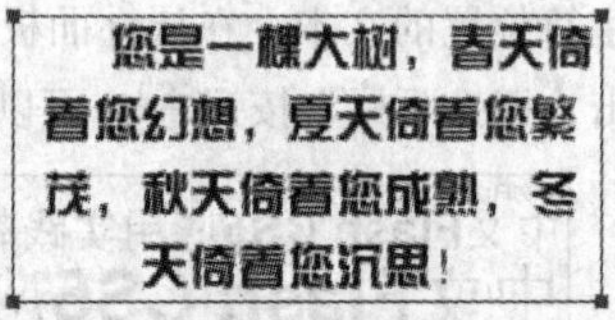　　　　　　　图 4.3.11　居中对齐效果

（3）"右对齐"按钮 ：单击该按钮，将每一行文本的末尾与输入框的右边缘对齐，如图 4.3.12 所示。

（4）"两端对齐"按钮 ：单击该按钮，将调整字间距，以使文本的左右两端分别与输入框的左右边缘对齐，如图 4.3.13 所示。

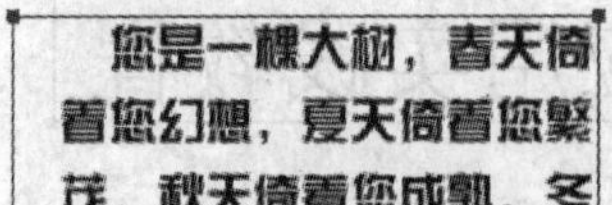

图 4.3.12　右对齐效果 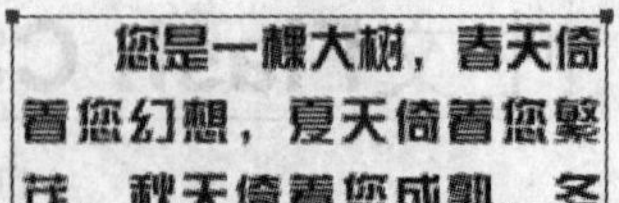　　　　　　　图 4.3.13　两端对齐效果

提示：对于垂直文本，在属性面板中的对应按钮分别为"顶对齐"按钮 ，"居中对齐"按钮 ，"底对齐"按钮 和"两端对齐"按钮 。

4.3.9　设置文本超链接

在 Flash CS5 中，为了增强动画的互动效果，常常为水平文本设置超链接。具体操作步骤如下：

（1）选中要设置超链接的文本。

（2）在属性面板的 链接：文本框中输入完整的链接地址，如图 4.3.14 所示。

图 4.3.14　设置文本超链接

（3）在"目标"下拉列表中选择链接网页的打开方式。若选择 _blank 选项，则会打开一个新的浏览器窗口显示超链接对象；若选择 _parent 选项，则会在当前窗口的父窗口中显示超链接对象；若选择 _self 选项，则会在当前窗口中显示超链接对象；若选择 _top 选项，则会在级别最高的窗口中显示超链接对象。

（4）选择菜单栏中的 控制(O) → 测试影片(T) → 测试(T) 命令，测试链接文本效果，如图 4.3.15 所示。

图 4.3.15　链接文本效果

4.4　编 辑 文 本

在 Flash CS5 中，用户可以对创建的文本进行编辑处理，主要包括分离文本、分散文本到图层、填充文本、查找与替换文本以及拼写设置与检查拼写。

4.4.1　分离文本

分离文本指将文本框中的每个字符迅速置于一个个单独的文本框中，如果将分离后的文本再次分离，文本将转换为组成它的线条和填充块，即转换为矢量图。

1. 分离字数等于 1 的文本

如果要分离的字数等于 1，选中要分离的单个文本，按"Ctrl+B"键一次，即可将文本彻底分离，效果如图 4.4.1 所示。

图 4.4.1　分离单字文本

2. 分离字数大于 1 的文本

如果分离的文本字数大于 1，其分离方法如下：

（1）首先选中要分离的文本，选中的必须是整个文本框，否则无法进行分离，如图 4.4.2 所示。

（2）选择 修改(M) → 分离(K) 命令或按"Ctrl+B"键。

（3）按组合键一次后，文本将被分离成独立的对象，效果如图 4.4.3 所示。

（4）再次按"Ctrl+B"键后，即可彻底分离文本，效果如图 4.4.4 所示。

图 4.4.2　选中整个文本框　　　　图 4.4.3　分离成独立的对象　　　　图 4.4.4　彻底分离文本效果

4.4.2　分散文本到图层

在 Flash CS5 中，使用分散到图层命令可以帮助用户一次性将所有文本置于不同的层中，具体的操作步骤如下：

（1）选中文本，按"Ctrl+B"键，将文本分离为单字，如图 4.4.5 所示。

（2）选择 修改(M) → 时间轴(M) → 分散到图层(D) 命令，将文本分散到图层，此时，文本层将相应地变为多层，如图 4.4.6 所示。

图 4.4.5　将文本分离为单字　　　　　　　　　图 4.4.6　将文本分散到图层

4.4.3　填充文本

将文本转换为矢量图后，就可以为其填充渐变色或位图，具体的操作方法如下：

（1）选中分离后的文本，单击工具箱中的"颜料桶工具"按钮 。

（2）在颜色面板中设置填充的类型与颜色，然后单击分离后的文本即可，如图 4.4..7 所示。

　　　径向渐变填充　　　　　　　　　　　　　　　位图填充

图 4.4.7　为文本填充颜色

4.4.4　查找与替换文本

在 Flash CS5 中，使用查找和替换功能可以查找和替换 Flash 文档中指定的对象，该对象包括文字、文本的字体以及文本的颜色等。

1．查找和替换文本的内容

使用查找和替换功能，可以将文本中的字符串替换成用户输入的字符，具体操作步骤如下：

（1）在菜单栏中选择 编辑(E) → 查找和替换(F) 命令，弹出"查找和替换"对话框，如图 4.4.8 所示。该对话框中各选项的含义如下：

1）搜索范围：单击其右侧的 下拉按钮，弹出"搜索范围"下拉列表。该列表包含两个选项，分别为当前文档和当前场景，用户可根据需要选择合适的选项设置查找范围。

2）类型：单击其右侧的 下拉按钮，弹出"类型"下拉列表。该列表包含 7 个选项，分别为文字、字体、颜色、元件、声音、视频和位图，用户可根据需要选择相应的类型。

3）文本：当用户在"类型"下拉列表中选择"文字"选项时，可在该文本框中输入要查找的文本。

4）替换为：在该选项区中的 文本：文本框中可输入用于替换现有文本的文本。

5）选中 ☑ 全字匹配 复选框，将指定文本字符串仅作为一个完整单词搜索，即查找到的文本必须和指定的文本完全匹配，该字符串两边可以由空格、引号或类似的标记进行限制。如果取消选中该复选框，则可以将指定文本作为某个较长单词的一部分来搜索，如单词 place 可作为单词 replace 的一部分来搜索。

6）选中 ☑ 区分大小写 复选框，在查找时将搜索与指定文本的大小写完全匹配的文本。

7）选中 ☑ 正则表达式 复选框，在动作脚本中查找和替换代码程序中的文本。

8）选中 ☑ 文本字段的内容 复选框，将在文本框中进行查找或替换。

9）选中 ☑ 帧/层/参数 复选框，将在文档或舞台中查找帧标签、图层名称、场景名称以及组件参数。

10）选中 ☑ ActionScript 中的字符串 复选框，将在文档或场景的 ActionScript 中查找字符串，但不搜索外部的 ActionScript 文件。

11）选中 ☑ ActionScript 复选框，将在文档自身的脚本中及链接的外部脚本文件中查找或替换。

12）选中 ☑ 实时编辑 复选框，可在查找/替换过程中直接编辑查找到的文本。

（2）设置好查找条件后，单击 查找下一个 按钮，则在文档中查找下一个匹配该条件的文本，而不替换当前查找到的文本；单击 查找全部 按钮，可将文档中匹配该条件的文本全部查找出来；单击 替换 按钮，可将当前查找到的文本替换为目标文本；单击 全部替换 按钮，可将查找到的文本全部替换为目标文本。

2．查找和替换文本的字体

使用查找和替换功能，可以将文本中的字体替换成目标字体，具体操作步骤如下：

（1）在菜单栏中选择 编辑(E) → 查找和替换(F) 命令，弹出"查找和替换"对话框（见图 4.4.8）。

（2）单击 类型: 右侧的 ▼ 下拉按钮，在弹出的下拉列表中选择"字体"选项，如图 4.4.9 所示。

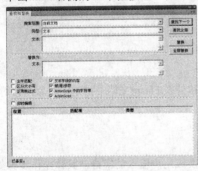
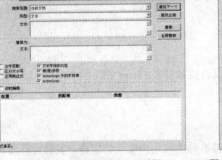

图 4.4.8　"查找和替换"对话框　　　图 4.4.9　在"类型"下拉列表中选择"字体"选项

（3）选中 ☑ 字体: 复选框，可按字体的名称进行查找。在该文本框中输入字体的名称，或单击其右侧的 ▼ 下拉按钮，在弹出的"字体"下拉列表中选择一种字体。如果取消选中该复选框，则会查找场景或文档中的所有字体。

（4）选中 ☑ 样式: 复选框，可按字体的样式进行查找。在该文本框中输入字体样式的名称，或单击其右侧的 ▼ 下拉按钮，在弹出的"样式"列表中选择一种字体样式。如果取消选中该复选框，则会查找场景或文档中的所有字体样式。

（5）选中 ☑ 大小: 复选框，可按字体的大小进行查找。在 最小 和 最大 文本框中输入数值，可确定要查找字体大小的范围。如果取消选中该复选框，则会查找场景或文档中的所有字体大小。

（6）在 替换为: 选项区中选中 ☑ 字体: 复选框，可将原字体替换为目标字体；选中 ☑ 样式: 复选框，可将原字体样式替换为目标字体样式；选中 ☑ 大小: 复选框，可将原字体大小替换为目标字体大小。如果取消选中这 3 个复选框，则保持原字体名称、样式和大小不变。

（7）设置好查找条件后，单击 查找下一个 按钮，则在文档中查找下一个匹配该条件的字体，而不替换当前查找到的字体；单击 查找全部 按钮，可将文档中匹配该条件的字体全部查找出来；单击 替换 按钮，可将当前查找到的字体替换为目标字体；单击 全部替换 按钮，可将查找到的字体全部替换为目标字体。

3．查找和替换文本的颜色

使用查找和替换功能，可以将查找到的颜色替换成目标颜色，具体操作步骤如下：

（1）在菜单栏中选择 编辑(E) → 查找和替换(F) 命令，弹出"查找和替换"对话框（见图 4.4.8）。

（2）单击 类型: 右侧的 ▼ 下拉按钮，在弹出的下拉列表中选择"颜色"选项，如图 4.4.10 所示。

（3）单击"颜色"按钮 ■，打开颜色调节面板。可在该面板中选择一种颜色作为要查找的颜色。

（4）在 **替换为:** 选项区中单击"颜色"按钮 ，可在打开的颜色调节面板中选择一种颜色作为目标颜色。

（5）选中 **文本** 、 **填充** 和 **笔触** 复选框，可以在文本、填充区域和笔触中替换颜色。

（6）设置好查找条件后，单击 **查找下一个** 按钮，则在文档中查找下一个匹配该条件的颜色，而不替换当前查找到的颜色；单击 **查找全部** 按钮，可将文档中匹配该条件的颜色全部查找出来；单击 **替换** 按钮，可将当前查找到的颜色替换为目标颜色；单击 **全部替换** 按钮，可将查找到的颜色全部替换为目标颜色。

4.4.5　拼写设置与检查拼写

使用"拼写设置"对话框可对检查拼写的功能选项进行设置；使用检查拼写功能，可以检查文档中文本的拼写。

1. 拼写设置

使用"拼写设置"对话框设置检查拼写功能的具体操作步骤如下：

（1）在菜单栏中选择 **文本(T)** → **拼写设置(P)...** 命令，弹出"拼写设置"对话框，其对话框中的各选项参数如图 4.4.11 所示。

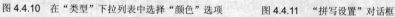

图 4.4.10　在"类型"下拉列表中选择"颜色"选项　　图 4.4.11　"拼写设置"对话框

提示： 在初次检查拼写之前，必须在"拼写设置"对话框中指定拼写选项，以初始化检查拼写功能。指定完成后，可以使用"拼写设置"对话框更改用于检查拼写的选项。

（2）在 **文档选项** 选项区中选中某个复选框，用于设置文档级的拼写检查选项。

（3）在 **词典** 选项区中，可以选择"词典"列表框中的一本或多本词典在检查拼写时使用，必须选择至少一本词典才能启用拼写检查功能。

（4）在 **个人词典** 选项区的 **路径:** 文本框中输入路径，或单击文件夹图标 ，在弹出的"打开"对话框中选择要用做个人词典的文档。

（5）单击 **编辑个人词典** 按钮，弹出"编辑个人词典"对话框。用户可在该对话框中将新的单词和短语输入到文本字段的单独一行中，单击 **确定** 按钮，即可将输入的单词或短语添加到用户的个人词典中。

（6）在 **检查选项** 选项区中选中某个复选框，可以设置在拼写检查时处理特定单词和字符类型的方式。

（7）设置好参数后，单击 确定 按钮，即可将设置的参数保存起来。

2．检查拼写

当用户设置好 Flash CS5 中的检查拼写选项后，即可使用检查拼写功能对文档中的内容进行检查。在菜单栏中选择 文本(T) → 检查拼写(C)... 命令，弹出"检查拼写"对话框，在其左上角的文本框中将显示在所选字典中未找到的单词，如图 4.4.12 所示。

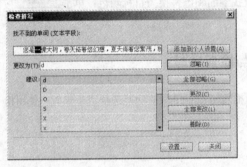

图 4.4.12　"检查拼写"对话框

其中各选项含义说明如下：

（1）添加到个人设置(A)：单击该按钮，将该单词添加到用户的个人词典中。

（2）忽略(I)：单击该按钮，保持该单词不变。

（3）全部忽略(G)：单击该按钮，保持所有在文档中出现的该单词不变。

（4）更改(C)：单击该按钮，更改该单词。

（5）全部更改(L)：单击该按钮，更改所有在文档中出现的该单词。

（6）删除(D)：单击该按钮，从文档中删除该单词。

（7）设置...：单击该按钮，将弹出"拼写设置"对话框，用户可在其中重新设置拼写选项。

4.5　将滤镜应用于文本

使用滤镜可以为文本、按钮和影片剪辑添加特殊的视觉效果，并且将投影、模糊、发光和斜角滤镜效果应用于图形元素。在 Flash CS5 中，可以使用属性面板对文本应用一个或多个滤镜，也可以启用、禁用或删除应用的滤镜效果。

4.5.1　添加滤镜

在 Flash CS5 中，为文本添加滤镜的具体操作方法如下：

（1）在舞台中选中需要添加滤镜的文本对象。

（2）在属性面板中选择"滤镜"选项，展开滤镜选项区。

（3）单击属性面板下方的"添加滤镜"按钮 ，在弹出的"滤镜"下拉菜单中选择一种滤镜，如"投影"选项，如图 4.5.1 所示。

（4）在属性面板将会出现该滤镜选项的相关参数，用户可以根据动画创作的需要对滤镜的参数进行设置，如图 4.5.2 所示。

图 4.5.1 选择"投影"选项　　　　图 4.5.2 设置"投影"选项参数

（5）设置好参数后，此时在舞台中将完成滤镜的添加，效果如图 4.5.3 所示。

图 4.5.3 添加投影滤镜效果

4.5.2 复制和粘贴滤镜

复制和粘贴滤镜的方法很简单，只需在舞台中选中要从中复制滤镜的对象，然后在属性面板中单击"剪贴板"按钮，从弹出的下拉菜单中选择 复制所选 或 复制全部 命令，再选中要应用滤镜的对象，在"剪贴板"下拉菜单中选择 粘贴 命令，即可将复制的滤镜粘贴到该文本中，效果如图 4.5.4 所示。

图 4.5.4 复制和粘贴滤镜效果

4.5.3 启用或禁用滤镜

在属性面板中选中要禁用的滤镜，然后单击面板下方的"启用或禁用滤镜"按钮，即可禁用选中的滤镜。如果要启用该滤镜，只需将禁用的滤镜选中，然后单击"启用或禁用滤镜"按钮，即可启用滤镜。

4.5.4 重置和删除滤镜

在属性面板中设置某一滤镜参数的过程中，单击面板下方的"重置滤镜"按钮，可返回首次设置的滤镜参数。若要删除某一滤镜，只需在属性面板中选中该滤镜，然后单击面板下方的"删除滤镜"按钮，即可删除该滤镜。

4.5.5 滤镜效果

Flash CS5 提供了 7 种滤镜效果，用户可以根据动画创作的需要，分别在属性面板中对滤镜的参数进行设置。

1. 投影

投影滤镜可以模拟对象向一个表面添加投影，或在背景中剪出一个形似对象的洞，来模拟对象的外观，效果如图 4.5.3 所示。

2. 模糊

模糊滤镜可以柔化对象的边缘和细节。将模糊应用于对象，可以使对象看起来好像位于其他对象的后面，或者使对象看起来好像是运动的，效果如图 4.5.5 所示。

图 4.5.5　应用模糊滤镜效果

3. 发光

使用发光滤镜可以为对象的整个边缘应用某种颜色，效果如图 4.5.6 所示。

图 4.5.6　应用发光滤镜效果

4. 斜角

使用斜角滤镜可以为对象应用加亮效果，使其凸出于背景表面显示，可以创建内斜角、外斜角或者全部斜角，如图 4.5.7 所示。

原图　　　　　　　　　　　　　　内斜角

外斜角　　　　　　　　　　　　　　全部斜角

图 4.5.7　应用斜角滤镜效果

5. 渐变发光

使用渐变发光滤镜可以为对象表面添加具有渐变颜色的发光效果。渐变发光要求选择一种颜色作为渐变开始的颜色，该颜色的 Alpha 值为"0"。在设置过程中，无法移动此颜色的位置，但可以改变该颜色，如图 4.5.8 所示。

图 4.5.8　应用渐变发光滤镜效果

6. 渐变斜角

使用渐变斜角滤镜可以为对象添加立体浮雕效果。渐变斜角要求渐变的中间有一个颜色，颜色的 Alpha 值为"0"，在设置过程中，无法移动此颜色的位置，但可以改变该颜色，如图 4.5.9 所示。

图 4.5.9　应用渐变斜角滤镜效果

7. 调整颜色

使用调整颜色滤镜可以调整所选对象的亮度、对比度、饱和度以及色相属性参数，效果如图 4.5.10 所示。

图 4.5.10　应用调整颜色滤镜效果

本 章 小 结

本章主要介绍了 Flash CS5 特效文字的操作方法，主要包括的 TLF 文本与传统文本的创建、文本属性的设置、文本的编辑以及将滤镜应用于文本等内容。通过本章的学习，读者应熟练掌握文本的创建与编辑技巧，并能灵活地应用滤镜制作特效文字，以制作出活泼生动的 Flash 作品。

习 题 四

一、填空题

1. _____文本是 Flash CS5 中的默认文本类型，它提供了_____和_____两种类型的 TLF 文本容器。

2. 在 Flash CS5 中，传统文本有 3 种类型，分别为_____、_____和_____。

3. 在 Flash CS5 中，使用_____命令可以将文本转换为矢量图。

4. 在 Flash CS5 中，使用_____命令可以帮助用户一次性将所有文本置于不同的层中。

5. 在 Flash CS5 中，为了增强动画的互动效果，常常为文本设置_____。

二、选择题

1. 在 Flash CS5 中，（　）是文本最基本的属性。

　　（A）字体　　　　　　　　　　　　　（B）字号

　　（C）颜色　　　　　　　　　　　　　（D）样式

2. "字符位置"下拉列表中的选项包括（　）。

　　（A）正常　　　　　　　　　　　　　（B）上标

　　　　（C）下标　　　　　　　　　　　　　　（D）全选
　3．使用查找和替换功能可以查找和替换文本的（　　）。
　　　　（A）内容　　　　　　　　　　　　　　（B）字体
　　　　（C）颜色　　　　　　　　　　　　　　（D）全选
　4．使用（　　）滤镜可以为对象添加立体浮雕效果。
　　　　（A）投影　　　　　　　　　　　　　　（B）发光
　　　　（C）斜角　　　　　　　　　　　　　　（D）渐变斜角
　5．使用（　　）滤镜可以为对象应用加亮效果，使其凸出于背景表面显示。
　　　　（A）渐变斜角　　　　　　　　　　　　（B）斜角
　　　　（C）模糊　　　　　　　　　　　　　　（D）渐变发光

三、简答题

1．简述如何分离文本。
2．简述如何查找和替换文本字体。

四、上机操作题

1．练习 TLF 文本和传统文本的创建方法，并比较它们的优缺点。
2．练习使用本章所学的滤镜效果，制作如题图 4.1 所示的特效文字。

题图　4.1

第 5 章 帧与图层的应用

Flash 动画是由帧组成的，制作动画的过程也就是对帧进行编辑的的过程。涉及多个对象的动画，需要将各对象放在不同的图层中，这样对各对象编辑时才不会影响其他对象。掌握好帧和图层的基本操作，才能够使绘制的图形随着帧的播放而运动。

教学目标

（1）帧的基本概念。
（2）帧的操作。
（3）图层的基本概念。
（4）图层的操作。
（5）场景。

5.1 帧的基本概念

帧是 Flash 动画的最基本组成部分，Flash 动画正是由不同的帧组合而成的。时间轴是摆放和控制帧的地方，帧在时间轴上的排序将决定动画的播放顺序。在 Flash 文档中，帧表现在时间轴面板上，外在特征是一个个小方格。它是播放时间的实例化表现，也是动画播放的最小时间单位，可以用来设置动画运动的方式、播放的顺序及时间等，如图 5.1.1 所示。

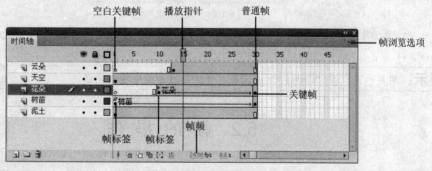

图 5.1.1 时间轴面板上的帧

从图 5.1.1 中可以看出，每 5 帧有个"帧序号"标识（呈灰色显示，其他的呈白色显示），根据性质的不同，可以把帧分为普通帧和关键帧。

1. 普通帧

普通帧显示为一个个普通的单元格。空白的单元格是无内容的帧，有内容的帧显示出一定的颜色。不同的颜色代表不同类型的动画，如动作补间动画的帧显示为浅蓝色，形状补间动画的帧显示为浅绿色，而静止关键帧后的帧显示为灰色。关键帧后面的普通帧将继承和延伸该关键帧的内容。

2．关键帧

关键帧是用于表现关键性动作或关键性内容变化的帧。关键帧定义了动画的变化环节，一般情况下，图像都必须在关键帧中进行编辑，如果关键帧中的内容被删除，那么关键帧就会转换为空白关键帧。在时间轴上关键帧用一个黑色实心圆●表示，而无内容的关键帧（即空白关键帧）则用一个空心圆○表示。

3．帧标签和帧注释

帧标签用于标识时间轴中的关键帧，用红三角加标签名表示，如▶花朵。帧注释用于制作者为自己或他人提供相关提示。用绿色的双斜线加注释文字表示，如//树苗。

4．播放头

播放头指示当前显示在舞台中的帧，将播放头沿着时间轴移动，可以轻易地定位当前帧。用红色矩形▮表示，红色矩形下方的红色细线所经过的帧表示该帧目前正处于"播放帧"。

5．帧频

帧频指每秒钟播放的帧数，其单位为 fps。帧频的大小决定着 Flash 动画的播放是否流畅，如果帧频太小，会使动画出现停顿的现象。在默认状态下，Flash CS5 的帧频是"24 fps"，无论动画是否制作完成，用户都可以随时调整动画的帧频。具体操作步骤如下：

（1）选择菜单栏中的 修改(M) → 文档(D)... 命令，弹出"文档设置"对话框，如图 5.1.2 所示。

图 5.1.2　"文档设置"对话框

（2）在 帧频(F): 文本框中输入需要的帧频数值。

（3）单击 确定 按钮即可。

提示： 用户也可以按"Ctrl+F3"键，在打开的属性面板中设置帧频。

5.2　帧 的 操 作

Flash 动画的实现过程离不开对帧的操作，通过掌握对帧的各种操作对学习后面章节的制作动画是必不可少的。

5.2.1　选择帧

Flash 动画中的帧有很多，在操作中首先要准确定位和选择相应的帧，然后才能对帧进行其他操作。如果选择某单帧来操作，可以直接单击该帧；如果要选择很多连续的帧，只需在选择的帧的起始位置处单击，然后拖动光标到要选择的帧的终点位置，此时所有被选中的帧都显示为藏蓝色的背景，如图 5.2.1 所示；如果要选中很多不连续的帧，只须按住 "Ctrl" 键的同时单击其他帧即可，如图 5.2.2 所示；如果要选中所有的帧，只须选择任意一帧后，单击鼠标右键，在弹出的快捷菜单中选择 选择所有帧 命令即可。

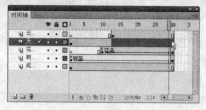 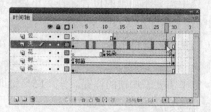

图 5.2.1　选择连续的多个帧　　　　　　　　　图 5.2.2　选择不连续的多个帧

提示： 在选中多个连续的帧时，也可以先选中第一帧，然后在按住 "Shift" 键的同时，单击连续帧中的最后一帧即可选中其间的所有帧。

5.2.2　翻转帧

一般在 Flash 中播放动画时，都是按顺序将动画从头播放，但有时也会把动画再反过来播放，制作出另外一种效果，这可以利用 翻转帧 命令来实现。它是指将整个动画从后往前播放，即原来的第一帧变成最后一帧，原来的最后一帧变成第一帧，整体调换位置。其方法为：首先选择所有帧，然后在帧格上单击鼠标右键，在弹出的快捷菜单中选择 翻转帧 命令，如图 5.2.3 所示。

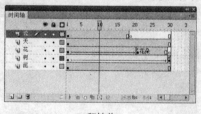 

翻转前　　　　　　　　　　　　　　　　　翻转后

图 5.2.3　翻转帧前后的效果

5.2.3　移动播放头

播放头指示当前显示在舞台中的帧，它就像是工作区中的选择工具，使用它可以用来观察正在编辑的帧内容以及选择要处理的帧，并且通过左右拖曳播放头来观看影片的播放。例如，如果向左拖曳播放头，可以从前向后按正常顺序播放影片；如果向右拖曳播放头，可以回放影片。

播放头的红色垂直线一直延伸到底层，选择时间轴标尺上的一个帧并单击，即可将播放头移动到指定的帧，或者单击图层上的任意一帧，也会在标尺上跳转到与该帧相对应的帧数目位置。所有图层在这一帧的共同内容就是在工作区当前所看到的内容。

5.2.4　添加帧

在制作 Flash 动画的过程中，常常需要根据动画在时间轴面板中的需要添加帧，其具体的操作方法介绍如下。

1．添加普通帧

在 Flash CS5 中添加单个普通帧的方法有以下 3 种：

（1）选中需要添加帧的位置，在菜单栏中选择 插入(I) → 时间轴(T) → 帧(F) 命令，即可添加一个普通帧。

（2）用鼠标右键单击需要添加帧的位置，在弹出的快捷菜单中选择 插入帧 命令，即可添加一个普通帧。

（3）选中需要添加帧的位置，按"F5"键即可添加一个普通帧。

2．添加关键帧

在 Flash CS5 中添加关键帧的方法有以下 3 种：

（1）选中需要添加关键帧的位置，在菜单栏中选择 插入(I) → 时间轴(T) → 关键帧(K) 命令，即可添加一个关键帧。

（2）用鼠标右键单击需要添加关键帧的位置，在弹出的快捷菜单中选择 插入关键帧 命令，即可添加一个关键帧。

（3）选中需要添加关键帧的位置，按"F6"键即可添加一个关键帧。

在 Flash CS5 中添加空白关键帧的方法有以下 3 种：

（1）选中需要添加空白关键帧的位置，在菜单栏中选择 插入(I) → 时间轴(T) → 空白关键帧(B) 命令，即可添加一个空白关键帧。

（2）用鼠标右键单击需要添加空白关键帧的位置，在弹出的快捷菜单中选择 插入空白关键帧 命令，即可添加一个空白关键帧。

（3）选中需要添加关键帧的位置，按"F7"键添加一个空白关键帧。

5.2.5　移动和复制帧

在制作 Flash 动画过程中，有时会将某一帧的位置进行调整，也有可能是多个帧甚至一个图层上的所有帧整体移动，此时就要用到移动帧操作。首先使用选择工具选中要移动的帧，被选中的帧显示为藏蓝色背景，然后按住鼠标左键将选中的帧移动到合适的位置，释放鼠标左键即可，效果如图 5.2.4 所示。

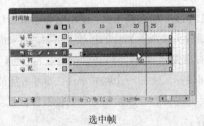

选中帧　　　　　　　　　　　　　　　移动帧

图 5.2.4　移动帧前后的效果

提示： 如果用户在移动帧的同时按住"Alt"键，即可将选取的帧直接复制到目标位置。

如果既要插入帧又要把编辑制作完成的帧直接复制到新位置，那么首先要选中这些需要复制的帧，然后单击鼠标右键，在弹出的快捷菜单中选择 复制帧 命令，再在新位置处单击鼠标右键，在弹出的快捷菜单中选择 粘贴帧 命令，即可将选中的帧复制并移动到指定的位置，如图 5.2.5 所示。

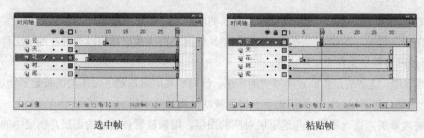

选中帧　　　　　　　　　　　　粘贴帧

图 5.2.5　复制帧前后的效果

5.2.6　删除帧

当某些帧已经无用了，可将它删除。因为 Flash 中帧的类型不同，所以删除的方法也不同，下面分别进行介绍。

如果要删除的是关键帧，可以单击鼠标右键，在弹出的快捷菜单中选择 清除关键帧 命令，也可选择 修改(M) → 时间轴(M) → 清除关键帧(A) 命令。

如果要删除的是普通帧或空白关键帧，将要删除的帧选中，单击鼠标右键，在弹出的快捷菜单中选择 删除帧 命令，也可选择 编辑(E) → 时间轴(M) → 删除帧(R) 命令，删除选中的帧。

在 Flash CS5 中，也可以在不影响其他帧的情况下，将帧清除，以创建某种特殊的动画效果。将要清除的帧选中，单击鼠标右键，在弹出的快捷菜单中选择 清除帧 命令，也可选择 编辑(E) → 时间轴(M) → 清除帧(L) 命令，将选中的帧清除。

提示： 执行 删除帧 命令后，后续帧将自动向前移动；执行 清除帧 命令后，不影响被清除帧后面的帧序列。

5.3　图层的基本概念

在 Flash CS5 中，图层是最基本也是最重要的概念之一，关于图层的基本概念，学过 Photoshop 的人都不会陌生。形象地说，图层可以看成是叠放在一起的透明胶片，如果图层上没有任何内容，就可以透过它直接看到下一层。因此，用户可以根据需要在不同图层上编辑不同的动画而互不影响，并在播放时得到合成的效果。在创建动画时，对于新建的 Flash 文档，在默认情况下只有一个普通图层，随着复杂程度的增加，用户可以根据需要新建若干图层，然后将不同类型的对象置于不同的图层中。Flash 提供了多种类型的图层供用户选择，每种类型的图层均具有图层的基本属性，也存在很大差异，各种图层类型如图 5.3.1 所示。

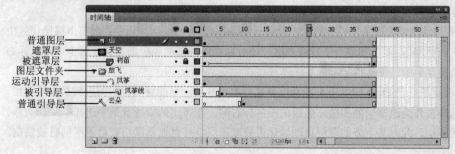

普通图层　遮罩层　被遮罩层　图层文件夹　运动引导层　被引导层　普通引导层

图 5.3.1　图层类型

（1）普通图层。普通图层是新建文档后默认的图层，是图层中最基础的图层。

（2）图层文件夹。图层文件夹用于整理图层，任何类型的图层都可以放置在图层文件夹中，通过单击展开或隐藏图层文件夹中的内容。

（3）遮罩层。遮罩层是指放置遮罩物的图层，该图层利用遮罩对下方图层的被遮罩物进行遮挡，当设置某个图层为遮罩层时，该图层的下一层便被默认为被遮罩层。

（4）被遮罩层。被遮罩层是与遮罩层对应的图层，用来放置被遮罩的图层，图层中的对象与上方的图层建立被遮罩与遮罩的关系。

（5）普通引导层。普通引导层用于绘制辅助图形的图层，独立成为一层。

（6）运动引导层。运动引导层可以设置引导层，用于引导图层中的图形对象依照引导线进行移动，其目的在于实现物体的各种路径曲线运动。当设置某个图层为引导层时，在该图层的下一层变被默认为被引导图层。

（7）被引导层。被引导层是指将图层中的对象按照运动引导层中的路径运动，与引导层为相辅相成的关系。

5.4　图层的操作

默认情况下，创建的文档中只包含一个图层，用户可根据创作需要在动画中创建多个图层，并可以对创建的图层进行复制、重命名等操作，当某个图层不再使用时，还可以将其删除，而这些操作大部分都可以通过层操作区中的按钮和图标实现，如图 5.4.1 所示。

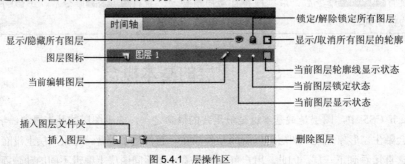

图 5.4.1　层操作区

5.4.1　创建和重命名图层

在 Flash CS5 中，新建的图层会自动位于当前图层的上方，并且作为当前活动图层。下面介绍 Flash 中不同类型的层的创建方法。

（1）创建普通图层。选择菜单栏中的 插入(I) → 时间轴(T) → 图层(L) 命令，或单击层操作区中的"新建图层"按钮 ，即可创建一个普通图层；还可以在时间轴面板中的层操作区中单击鼠标右键，从弹出的快捷菜单中选择 插入图层 命令。

（2）创建遮罩层。在 Flash CS5 中不能直接新建普通引导层，只能将现有的图层转换为遮罩层。在层操作区中选中要作为遮罩层的图层，然后单击鼠标右键，在弹出的快捷菜单中选择 遮罩层 命令，即可创建一个遮罩层。此时其下方的图层自动转化为被遮罩层，并且遮罩层与被遮罩层同时被锁定，如图 5.4.2 所示。

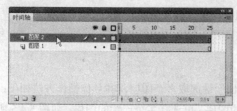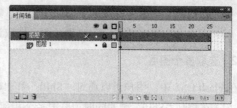

图 5.4.2　创建遮罩层

（3）创建普通引导层。同样，在 Flash CS5 中不能直接新建普通引导层，只能将现有的图层转换为普通引导层。在层操作区中选中要作为普通引导层的图层，然后单击鼠标右键，在弹出的快捷菜单中选择 引导层 命令，即可创建一个普通引导层。

（4）创建运动引导层。在层操作区中选中要作为运动引导层的图层，然后单击鼠标右键，在弹出的快捷菜单中选择 添加传统运动引导层 命令，即可为当前图层创建运动引导层，如图 5.4.3 所示。此时，当前图层会默认为被引导层，如果要将其他图层转化为被引导层，可以在层操作区中选中图层，然后拖至运动引导层或被引导层下方即可。

图 5.4.3　创建运动引导层

（5）创建图层文件夹。选择菜单栏中的 插入(I) → 时间轴(T) → 图层文件夹(O) 命令，或单击层操作区中的"新建文件夹"按钮，即可在当前图层上方创建一个图层文件夹；还可以在层操作区中单击鼠标右键，从弹出的快捷菜单中选择 插入文件夹 命令。

通过以上方法创建好图层后，为了更好地让图层名称反映图层中的内容，用户可以对创建的各类图层进行重命名，其方法为双击要重命名的图层，进入文本编辑状态，然后在文本框中输入新名称后，按"Enter"键或在该图层外的任意位置单击即可，如图 5.4.4 所示。

图 5.4.4　重命名图层

5.4.2　选择和删除图层

在 Flash CS5 中，选择和删除图层是图层中最基本的操作，用户既可以选取单个或多个图层，也可以通过多种方法删除不再使用的图层。

1. 选取单个图层

用户可以使用以下 3 种方法选取单个图层，其具体操作方法如下：

（1）直接在时间轴中的层操作区中单击，即可选取该图层。

（2）在时间轴面板中单击某个图层中的任意帧，即可选取该图层。

（3）在舞台中单击图层中的对象，即可选取该图层。

2．选取多个图层

在 Flash CS5 中，用户可以通过"Shift"和"Ctrl"键选取多个图层，其具体操作方法如下：

（1）在按住"Shift"键的同时，单击多个相邻的图层，可选择多个连续的图层，如图 5.4.5 所示。

图 5.4.5　选取多个连续的图层

（2）在按住"Ctrl"键的同时，单击多个不相邻的图层，可选择多个不连续的图层，如图 5.4.6 所示。

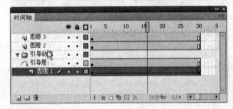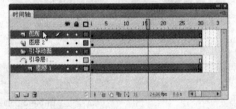

图 5.4.6　选取多个不连续的图层

3．删除图层

在制作动画的过程中，当不需要使用某一个图层时，可以将其删除。使用上面介绍的方法选中图层后，执行以下任一操作方法即可删除图层。

（1）在层操作区中单击"删除图层"按钮 ▣ ，即可删除图层。

（2）按住鼠标左键将选取的图层拖曳至层操作区中的"删除图层"按钮 ▣ 上，然后释放鼠标即可删除图层。

（3）在选取的图层上单击鼠标右键，从弹出的快捷菜单中选择 **删除图层** 命令即可。

5.4.3　复制和移动图层

在制作动画时，常常需要在新建的图层中创建与原有图层的所有帧内容完全相同或类似的内容，此时可通过复制图层的功能将原图层中的所有内容复制到新图层中，再进行一些修改，从而避免重复工作。如果复制后的图层顺序不能反映动画的效果，则需要对图层的顺序进行调整。

1．复制图层

在 Flash CS5 中，复制图层的操作方法如下：

（1）单击层操作区中的"新建图层"按钮 ▣ ，创建一个新图层。

（2）在要复制的图层上选中对象包含的帧，然后单击鼠标右键，从弹出的快捷菜单中选择 **复制帧** 命令。

（3）在新图层的第 1 帧上单击鼠标右键，从弹出的快捷菜单中选择 **粘贴帧** 命令，即可将原图层中的内容全部复制到新图层中，如图 5.4.7 所示。

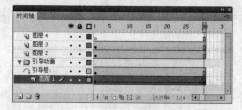

图 5.4.7　复制图层

2．移动图层

在 Flash CS5 中，移动图层的操作方法如下：

（1）选择要移动的图层，按住鼠标左键拖动，图层将以一条粗横线显示。

（2）将其拖动至需要的位置后，释放鼠标左键即可，如图 5.4.8 所示。

图 5.4.8　移动图层

5.4.4　显示或隐藏图层

在默认情况下，所有图层都处于显示状态，用户可根据需要将某个图层隐藏，隐藏图层后用户看不到隐藏图层中的任何对象，因此也不能对其进行编辑。其具体操作步骤如下：

（1）单击层操作区中 👁 图标下方要隐藏图层的 • 图标，则图标变为一个红色的 ✖ 图标，表示该图层不可见，该图层即被隐藏，此时不能对图层进行编辑。

（2）如果用户要隐藏所有显示的图层，单击层操作区中的 👁 图标即可，如图 5.4.9 所示。再次单击该图标即可显示全部图层。

图 5.4.9　隐藏所有图层

（3）单击隐藏图层中的 ✖ 图标，则图标又变为一个小黑点 • 图标，即可将隐藏的图层重新显示。

5.4.5　锁定或解锁图层

为了防止不小心修改已编辑好的图层中的内容，可锁定该图层，锁定图层后用户可以看到图层中的对象，但不能对其进行编辑。其具体操作步骤如下：

（1）单击层操作区中 🔒 图标下方要锁定图层的 • 图标，则图标变为一个锁状的 🔒 图标，表示该图层已被锁定。

（2）单击层操作区中的  图标，可将所有的图层锁定，如图 5.4.10 所示。再次单击该图标，可解锁全部图层。

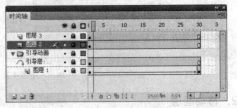

图 5.4.10　锁定所有图层

（3）如要编辑锁定的图层，可单击该图层中的 🔒 图标，则图标又变为一个小黑点 • 图标，即可将锁定的图层进行解锁。

5.4.6　显示图层轮廓线

在默认情况下，图层中的内容以完整的实体显示，但有时为了便于查看对象的边缘，需要以轮廓方式显示层，此时，Flash 将只显示对象的轮廓。其具体操作步骤如下：

（1）单击层操作区中 ☐ 图标下方要显示图层轮廓线的 ◼ 图标，则图标变为 ▢ 图标，表示将以轮廓方式显示该层，如图 5.4.11 所示。

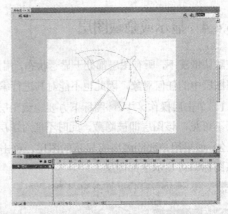

以实体方式显示　　　　　　　　　　　　　　以轮廓方式显示

图 5.4.11　显示图层轮廓线

（2）单击层操作区中的 ☐ 图标，可将所有图层以轮廓方式显示。

5.4.7　设置图层属性

在 Flash CS5 中，用户还可以对图层的属性进行设置，如设置图层名称、图层类型、对象轮廓的颜色以及图层的高度等。使用鼠标右键单击任意一个图层，在弹出的快捷菜单中选择 属性… 命令（见图 5.4.12），或在层操作区中双击该图层的 图标，将弹出"图层属性"对话框，如图 5.4.13 所示。

（1）在 名称(N): 文本框中可更改当前图层的名称。

（2）取消选中 ☑ 显示(S) 复选框，可以隐藏图层，选中该复选框可显示该图层。

（3）取消选中 ☑ 锁定(L) 复选框，可以解锁图层，选中该复选框可锁定该图层。

图 5.4.12　选择"属性"命令

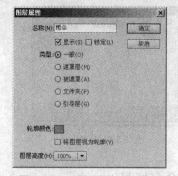

图 5.4.13　"图层属性"对话框

（4）在 类型:选项区中可以设置图层的相应属性，各选项的含义介绍如下：

1）⊙ 一般(O)：选中该选项，可将当前图层设为普通图层。

2）⊙ 遮罩层(M)：选中该选项，可将当前图层设为遮罩层。

3）⊙ 被遮罩(A)：该选项只有在选中遮罩层下方一层时才可用。选中该选项，可将该图层与其前方的遮罩层建立链接关系，成为被遮罩层，同时该图层的图标变为 图标。

4）⊙ 文件夹(F)：将普通图层转换为图层文件夹，用于管理图层，其功能与在层操作区单击 按钮的功能相同。

5）⊙ 引导层(G)：选中该选项，可将当前图层设置为引导层，此时，图层前面将出现一个 图标。

（5）在 轮廓颜色:选项中单击 按钮，在弹出的颜色列表中可以设置该图层中轮廓线模式的线框颜色。

（6）选中 ☑ 将图层视为轮廓(V) 复选框，可将该图层内容以线框方式显示。

（7）在 图层高度(H):下拉列表框中选取不同的值，可以调整层操作区中每个图层的高度。

（8）设置好参数后，单击 确定 按钮，即可更改当前选中图层的属性。

5.5　场　　景

在 Flash CS5 中，场景可以理解为一个独立的动画，在一个 Flash 文档中允许存在多个场景，例如在 Flash 文档中包括两个场景，即场景 1 和场景 2，这是两个相对独立的动画场景，不会互相影响。如果说图层文件夹是管理图层的专家，那么场景就是管理动画的专家，场景的原理非常简单，操作起来也很方便，了解场景的原理和创建场景的目的，熟练掌握场景的基本操作，可以在场景中任意切换，方便 Flash 动画的制作。

5.5.1　创建场景

新建文档时，Flash CS5 会默认创建一个场景，在制作动画时用户若要添加场景，可通过以下两种方法进行添加。

（1）选择菜单栏中的 插入(I) → 场景(S) 命令。

（2）选择菜单栏中的 窗口(W) → 其他面板(R) → 场景(S) 命令，或按"Shift+F2"键，打开场景面板（见图 5.5.1），单击其中的"添加场景"按钮 ，即可添加场景，如图 5.5.2 所示。

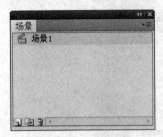

图 5.5.1　场景面板

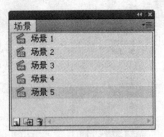

图 5.5.2　添加场景

5.5.2　重命名场景

在制作动画的过程中，为了使创建的动画更加一目了然，可以重命名场景，其具体操作步骤如下：

（1）在打开的场景面板中双击要重命名的场景，使其处于可编辑状态。

（2）在文本框中输入新的名称。

（3）在其他位置单击鼠标进行确认，其操作过程如图 5.5.3 所示。

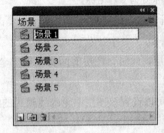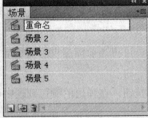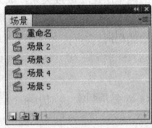

图 5.5.3　重命名场景的操作过程

5.5.3　复制场景

在制作动画的过程中，若要重复使用某一个场景，可以复制该场景，以减少动画制作的时间，其具体操作步骤如下：

（1）在打开的场景面板中选取要复制的场景。

（2）单击面板下方的"复制场景"按钮，即可复制场景，如图 5.5.4 所示。

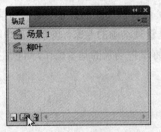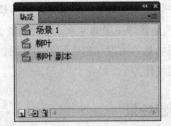

图 5.5.4　复制场景

5.5.4　切换场景

在 Flash CS5 中，切换场景的方法有以下两种：

（1）单击"编辑场景"按钮，在弹出的下拉菜单中选择要切换到的场景，如图 5.5.5 所示。

（2）选择菜单栏中的  → 命令的子命令，如图 5.5.6 所示。

图 5.5.5　"编辑场景"下拉菜单　　　　　　　　　图 5.5.6　"转到"子菜单

1）第一个(F)　Home：切换到第一个场景。

2）前一个(P)　Page Up：切换到上一个场景。

3）下一个(N)　Page Down：切换到下一个场景。

4）最后一个(L)　End：切换到最后一个场景。

5）重命名、场景 2、场景 3 等：切换到相应场景。

5.5.5　调整场景播放顺序

在 Flash CS5 中，文档中的场景将按照它们在场景面板中的排列顺序进行播放，文档中的帧也是按照场景顺序连续编号的。若要更改场景的播放顺序，只需在场景面板中选中要更改顺序的场景，然后将其拖曳至适当的位置即可，如图 5.5.7 所示。

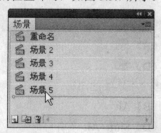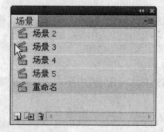

图 5.5.7　更改场景的播放顺序

5.5.6　删除场景

在制作动画的过程中，如果不使用某些场景，可将其删除，其具体操作步骤如下：

（1）在场景面板中选取要删除的场景。

（2）单击"删除场景"按钮，此时，系统将弹出一个提示框，询问用户是否确实要删除该场景，如图 5.5.8 所示。

图 5.5.8　"删除场景"提示框

（3）单击　确定　按钮，即可删除场景。

本 章 小 结

　　本章主要介绍了 Flash CS5 中帧与图层的应用，包括帧的基本概念、帧的操作、图层的基本概念、图层的操作以及场景等内容。通过本章的学习，读者应深刻理解帧与图层的基本概念，并熟练掌握帧、图层以及场景的操作方法与技巧，以制作出复杂的 Flash 影片。

习　题　五

一、填空题

　　1. 在 Flash CS5 中，_____是构成 Flash 动画的最小单位，也是衡量动画时间长短的尺度。

　　2. 在 Flash CS5 中，根据性质的不同，可以把帧分为_____和_____。

　　3. _____可用来控制动画播放的速度，单位为"fps"，即每秒钟播放的帧数，其值越大，速度越快；反之越慢。

　　4. _____是一种特殊的层，透过该层中的图形可以看到位于其下方的层中的内容。

　　5. 在 Flash CS5 中，按_____键插入帧，按_____键插入关键帧，按_____键插入空白关键帧。

二、选择题

　　1. 在 Flash CS5 中，单击（　　）按钮，可以新建一个图层。

　　（A）□　　　　　　　　　　　　　　　　（B）⇦

　　（C）⬛　　　　　　　　　　　　　　　　（D）⬛

　　2. 在 Flash CS5 中，可配合使用（　　）键选取多个不连续的图层。

　　（A）Shift　　　　　　　　　　　　　　（B）Alt

　　（C）Ctrl　　　　　　　　　　　　　　（D）Shift+Alt

　　3. 如果用户在移动帧的同时按住（　　）键，即可将选取的帧直接复制到目标位置。

　　（A）Shift　　　　　　　　　　　　　　（B）Ctrl +F3

　　（C）Ctrl　　　　　　　　　　　　　　（D）Alt

　　4. 在 Flash CS5 中，按（　　）键可打开场景面板。

　　（A）Shift+F2　　　　　　　　　　　　（B）Alt+F2

　　（C）Shift+F3　　　　　　　　　　　　（D）Alt+F3

三、简答题

　　1. 简述帧和图层的作用和类型。

　　2. 简述如何添加和切换场景。

四、上机操作题

　　在 Flash CS5 中创建一个文档，然后利用本章所学的知识，制作一个简单的 Flash 动画。

第6章　元件、实例与库的应用

元件是 Flash CS5 中一个非常重要的概念，在动画制作过程中，经常需要重复使用一些特定的动画元素，可以将这些元素转化为元件，以在动画中多次调用。创建的所有元件都放置在库面板中，将元件从库面板拖曳到工作区中就创建了该元件的一个实例，也就是说，实例是元件的具体应用。

教学目标

（1）元件、实例和库的概述。
（2）创建和编辑元件。
（3）创建与编辑实例。
（4）库。

6.1　元件、实例和库的概述

在 Flash 动画的制作过程中，元件、实例和库起着举足轻重的作用，通过灵活使用它们，可以提高工作效率、减少工作量和文件占用空间。

6.1.1　元件的概述

在动画的设计过程中，常常需要创建一些能被引用的元素，一些特殊效果也必须通过这些元素才能实现，这些元素被称为元件。元件可以是一个独立的对象，也可以是一小段 Flash 动画，在元件中创建的动画既可以独立于主动画进行播放，也可以将其调入到主动画中作为主动画的一部分。创建元件后，Flash 会自动将其添加到元件库中，以后需要时可直接从元件库中调用，而不必每次都重复制作相同的对象。

1. 元件的优点

在制作 Flash 动画的过程中，使用元件有以下优点：

（1）元件可以反复调用，这样避免了用户重复制作相同动画的麻烦，从而大大提高了工作效率。

（2）元件是由多个独立的元素和动画合并而成的整体，使用元件大大减少了文件占用的空间。

（3）使用元件还可加快动画的播放速度，缩短下载时间。当下载一个元件时，就相当于下载了动画的实例。

（4）元件有自己独特的动画形成特性，在制作动画的过程中，必须使用元件。

2. 元件的类型

不同的元件在动画形成过程中有不同的作用和功能，产生不同的交互效果，因此利用元件能创建丰富多彩的动画。在创建动画时，用户应根据动画的需要来选择元件类型，特别掌握图形元件与影片剪辑元件的区别。

（1）图形元件。在 Flash CS5 中，图形元件主要用于定义静态的对象，它包括静态图形元件和动态图形元件两种。

静态图形元件中一般只包含一个对象，在播放动画的过程中静态图形元件始终是静止的；动态图形元件中可以包含多个对象或一个对象的各种效果，在播放动画的过程中，动态图形元件可以是静态的，也可以是动态的。

（2）按钮元件。按钮元件主要用于激发某种交互性的动作，如 MTV 中的"Play"和"Replay"等按钮都是按钮元件。通过交互控制按钮可响应各种鼠标事件。

在 Flash CS5 中，按钮元件有 4 个不同的状态：弹起、指针…、按下 和 点击，分别对应于鼠标作用于按钮上的 4 种状态，这种状态既可以是静止图形，也可以是动画。其中，弹起、指针…、按下 3 种状态分别指在正常状态下，鼠标经过时、按下鼠标时按钮处于什么样的状态，点击 状态用于确定在哪个范围内可以激发按钮动作，这个区域在影片中是不可见的。

（3）影片剪辑元件。影片剪辑元件是 Flash 中应用最广泛的元件类型，它与图形元件具有相似之处，它们都可以是一段动画，都拥有相对独立的编辑区域，在其中创建动画的方法也与在场景中编辑动画完全一样。与图形元件不同的是，图形元件会受当前场景中帧序列的约束，而使用影片剪辑元件相当于将一段小动画嵌入主动画中，这段小动画可独立于主动画进行播放。当播放主动画时，影片剪辑元件也在循环播放，它不会受当前场景中帧数的限制，即使场景中只有一帧，影片剪辑元件也可以不断循环的播放。

6.1.2　实例的概述

所谓实例就是元件在舞台中的应用，或者嵌套在其他元件中的元件。用户可以将元件看做是一种模板，使用同一个模板能够创建出多个互有差异的实例，并且对实例的操作不会影响元件的属性。同一元件中可以有无数个实例，各个实例的颜色、方向、大小可以设置为与原来不同的样式，实例不仅能改变位置、颜色等属性，还可以通过属性面板改变它们的类型，如从图形元件可以转为按钮元件。

6.1.3　库的概述

库分为两种类型：一种是当前文件的专用库，一种是 Flash CS5 的内置公用库。它们既有相同之处，又有不同之处。内置公用库与专用库的共同之处在于库元素的使用方法相同，即在选中需要的库元素后，拖动它到舞台上即可。不同之处在于内置公用库中的管理工具是不能够使用的，用户不能对它的库元素进行增加、删除、编辑等操作。

当用户启动 Flash CS5 应用程序时，系统会自动创建一个当前文件的专用库，用户可将导入的位图、音频、视频、矢量图和创建的各种元件存储在库中，当需要使用它们时，再从库中调用。使用库面板可以方便地管理库中的对象，利用它可以查看、编辑和使用元件。

6.2　创建与编辑元件

在 Flash CS5 中，提供了多种创建元件的方法，用户创建好元件后，可以对舞台中的元件进行重新编辑，包括转化元件、重命名元件、复制和删除元件以及修改元件等操作。

6.2.1　创建元件

元件是指在 Flash 中可重复使用的图形、按钮和影片剪辑等，元件只需创建一次，即可在整个文档中重复使用。

1．创建图形元件

用于创建“图形元件”的元素可以是导入的位图图像、在 Flash 中绘制的矢量图形、文本对象以及线条、色块等，图形元件中还可以包含图形元件。创建图形元件的具体操作步骤如下：

（1）选择 插入(I) → 新建元件(N)... 命令，弹出“创建新元件”对话框，如图 6.2.1 所示。

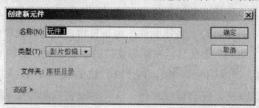

图 6.2.1　“创建新元件”对话框

（2）在 类型(T): 下拉列表中选择“图形”选项，设置元件的类型为“图形”。

（3）在 名称(N): 文本框中输入图形元件的名称。

（4）单击 高级 ▶ 选项右侧的小三角，可展开“创建新元件”对话框中的“高级”选项，在该选项中可以对元件的链接、共享以及源进行属性设置。

（5）单击 确定 按钮，进入图形元件的编辑窗口，此时，元件的名称将显示在场景名称的旁边；元件的注册点将以“＋”形状显示在编辑窗口的中心位置。

（6）在编辑窗口中添加文本、图形、图像等内容，如图 6.2.2 所示。

（7）编辑完毕后，单击 场景 1 图标，返回到主场景，在库面板中即可看到新建的图形元件，如图 6.2.3 所示。

图 6.2.2　编辑图形元件的内容

图 6.2.3　库面板

2．创建按钮元件

按钮元件是一种特殊的元件，在动画播放过程中，其默认状态是静止的，用户可以通过移动或单击鼠标改变它的状态。创建按钮元件的具体操作步骤如下：

（1）选择菜单栏中的 插入(I) → 新建元件(N)... 命令或按"Ctrl+F8"键，弹出"创建新元件"对话框。

（2）在 类型(T): 下拉列表中选择 按钮 选项，设置元件的类型为"按钮"，如图 6.2.4 所示。

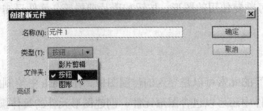

图 6.2.4　"创建新元件"对话框

（3）在 名称(N): 文本框中输入按钮元件的名称。

（4）单击 确定 按钮，进入按钮元件的编辑窗口，此时，元件的名称将显示在场景名称的旁边；元件的注册点将以"＋"形状显示在编辑窗口的中心位置，如图 6.2.5 所示。

（5）分别选中 弹起 、指针... 和 点击 帧，按"F6"键插入关键帧，如图 6.2.6 所示。

图 6.2.5　按钮元件的编辑窗口　　　　　图 6.2.6　插入关键帧

（6）选中 弹起 帧，使用绘图工具在编辑区中绘制一个按钮图形，然后使用文本工具在图形上方添加文本，效果如图 6.2.7 所示。

（7）在时间轴面板中按住"Alt"键，将 弹起 帧复制到其他帧中，效果如图 6.2.8 所示。

图 6.2.7　"弹起"帧中的对象　　　　　图 6.2.8　复制按钮图形

（8）选中 指针… 帧，将编辑区中的文本颜色更改为"橘黄色"，然后将 按下 帧中的文本颜色更改为"红色"，并将其字体放大一些，如图 6.2.9 所示。

（9）选中 点击 帧，选择工具箱中的椭圆工具 ，在属性面板中设置笔触颜色为"无"，填充颜色为"深绿色"，然后按住"Shift"键，在编辑区中绘制一个圆，如图 6.2.10 所示。

 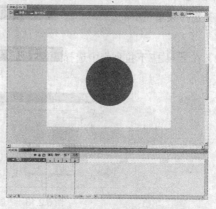

图 6.2.9　更改各帧中的内容　　　　图 6.2.10　在"点击"帧中绘制圆

（10）单击 场景 1 图标，返回到主场景。

（11）选择菜单栏中的 窗口(W) → 库(L) 命令，打开库面板，从中拖动按钮元件到舞台的中心位置，如图 6.2.11 所示。

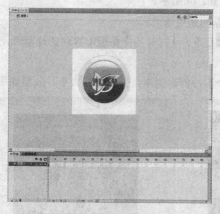 

图 6.2.11　拖入按钮元件到舞台

（12）按"Ctrl+Enter"键，测试动画效果，当用户移动鼠标指针到按钮上或单击按钮时，按钮会呈现出不同的状态，如图 6.2.12 所示。

图 6.2.12　制作的播放按钮效果

3．创建影片剪辑元件

影片剪辑元件可用于创建独立于动画中的时间轴播放的可重复使用的动画部分，它很像电影中的小电影，可以包含交互控制、声音甚至其他影片剪辑实例，也可以在按钮元件的时间轴内放置影片剪辑实例来创建动画按钮。创建影片剪辑元件的具体操作步骤如下：

（1）选择菜单栏中的 插入(I) → 新建元件(N)… 命令或按"Ctrl+F8"键，弹出"创建新元件"对话框。

（2）在 类型(T): 下拉列表中选择 影片剪辑 选项，设置元件的类型为"影片剪辑"，如图 6.2.13 所示。

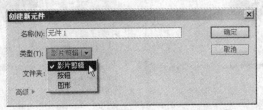

图 6.2.13　"创建新元件"对话框

（3）在 名称(N): 文本框中输入影片剪辑元件的名称。

（4）单击 确定 按钮，进入影片元件的编辑窗口，此时，元件的名称将显示在场景名称的旁边；元件的注册点将以"＋"形状显示在编辑窗口的中心位置。

（5）在编辑窗口中创建动画效果，如图 6.2.14 所示。

（6）编辑完毕后，单击 场景 1 图标，返回到主场景。

（7）选择菜单栏中的 窗口(W) → 库(L) 命令，从打开的库面板中拖动影片剪辑元件到舞台的适当位置。

（8）按住"Alt"键，在舞台中拖出一个影片剪辑副本，并调整其大小，效果如图 6.2.15 所示。

图 6.2.14　创建动画效果

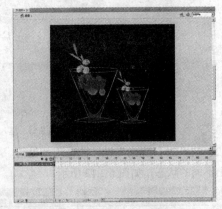

图 6.2.15　复制影片剪辑效果

（9）选中图层 1 中的第 50 帧，按"F5"键插入普通帧。

（10）单击时间轴面板中的"新建图层"按钮 ，新建图层 2。

（11）导入一个声音文件到库面板中，然后选中图层 2 中的第 1 帧，将库面板中的声音文件拖曳到舞台中，如图 6.2.16 所示。

注意：Flash 中的影片剪辑元件在主动画播放的时间轴上需要一个关键帧。

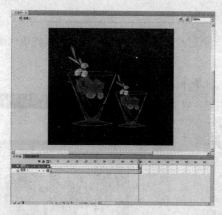
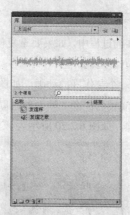

图 6.2.16　拖曳声音文件到舞台中

6.2.2　转换元件

在 Flash CS5 中，可以将舞台中的对象或动画转换为元件，其方法介绍如下。

1. 将舞台中的对象转换为元件

将舞台中的对象转换为元件的具体操作步骤如下：

（1）在舞台中选中导入的图片，如图 6.2.17 所示。

（2）选择菜单栏中的 `修改(M)` → `转换为元件(C)...` 命令，或按"F8"键，弹出"转换为元件"对话框，如图 6.2.18 所示。

图 6.2.17　选中导入的图片

图 6.2.18　"转换为元件"对话框

由图 6.2.4 可以看出，"转换为元件"对话框和"创建新元件"对话框相似，只是多了一个 `对齐:` 选项，该选项是用来选择转换后元件的基准点。在 `对齐:` 选项的右侧有 9 个小方块，每个小方块都代表着元件上的一点，在默认情况下，基准点是中间的那个点，用户可以单击其中任意一个点来改变基准点。

（3）在 `名称(N):` 文本框中可以输入元件的名称。

（4）在 `类型(T):` 下拉列表中可以选择元件的类型。

（5）单击 `确定` 按钮，即可完成元件的转换。此时，舞台中的对象将相应变成该元件的一个实例。

2．将动画转换为影片剪辑元件

在制作动画的过程中，如果要重复使用一个已经创建好的动画片段，需要将该动画转换为影片剪辑元件，具体操作步骤如下：

（1）打开一个制作好的动画，如图 6.2.19 所示。

（2）在时间轴的任意一帧上单击鼠标右键，在弹出的快捷菜单中选择 选择所有帧 命令，选取动画对应的所有帧，如图 6.2.20 所示。

　　　　图 6.2.19　打开的动画　　　　　　　　　　　图 6.2.20　选取动画对应的所有帧

（3）再次单击鼠标右键，在弹出的快捷菜单中选择 复制帧 命令，将所选帧复制到剪贴板中。

（4）选择菜单栏中的 插入(I) → 新建元件(N)… 命令，弹出"创建新元件"对话框。

（5）在 名称(N) 文本框中输入元件的名称，然后在 类型(T): 下拉列表中选中 影片剪辑|▼ 选项，如图 6.2.21 所示。

（6）单击 确定 按钮，进入元件的编辑模式，选中第 1 帧，单击鼠标右键，在弹出的快捷菜单中选择 粘贴帧 命令，将剪贴板中的动画粘贴过来，效果如图 6.2.22 所示。

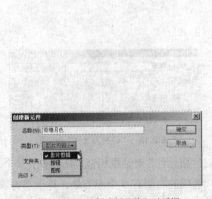 

　　　图 6.2.21　"创建新元件"对话框　　　　　　　　图 6.2.22　粘贴动画效果

6.2.3　重命名元件

用户可对库中的元件进行重新命名，使该元件更容易识别，具体操作步骤如下：

（1）在库中单击选中一个元件。

（2）用鼠标双击该元件的名称，即可进入编辑状态，此时用户可在该文本框中输入文字，重新命名该元件，如图 6.2.23 所示。

图 6.2.23　重命名元件

（3）也可以单击库面板右上角的"菜单选项"按钮 ，在弹出的下拉菜单中选择 重命名 命令，重命名该元件。

6.2.4　复制和删除元件

使用库面板可以方便地进行元件的复制和删除操作，具体操作方法如下：

（1）在库中单击选中一个元件。

（2）单击库面板右上角的"菜单选项"按钮 ，在弹出的下拉菜单中选择 直接复制... 命令，弹出"直接复制元件"对话框，如图 6.2.24 所示。

（3）在默认情况下，复制后的元件名称为原元件名加上"副本"两字，如果用户想要重命名该元件，也可以在 名称(N): 文本框中输入元件的名称。

（4）设置好名称后，单击 确定 按钮，即可为该元件复制出一个副本，如图 6.2.25 所示。

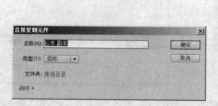

图 6.2.24　"直接复制元件"对话框

图 6.2.25　库面板

（5）如果要删除库中的某个元件，可在库中单击选中该元件后，单击"删除"按钮 ，将选中的元件删除。

6.2.5　编辑元件

编辑元件必须在元件编辑模式下才能进行，元件的编辑将直接影响到影片中每一个以它为基础的实例。下面介绍 4 种进入元件编辑模式的方法。

（1）在库面板或舞台中选中需要编辑的元件，然后双击鼠标左键进入其编辑模式。

（2）单击编辑栏中的"编辑元件"按钮 ，在弹出的如图 6.2.26 所示的下拉菜单中选择需要编辑的元件也可进入。

（3）在舞台上选中需要编辑的元件，单击鼠标右键，在弹出的快捷菜单中选择 编辑 、在当前位置编辑 或 在新窗口中编辑 命令进入其编辑模式。

　　1） 编辑 ：选择该命令，只有被选中的元件显示在编辑窗口中，如图 6.2.27 所示。

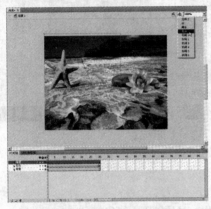 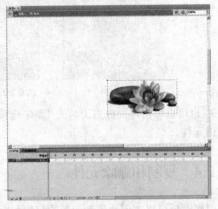

图 6.2.26　"编辑元件"下拉菜单　　　　　图 6.2.27　选择"编辑"命令进入编辑模式

　　2） 在当前位置编辑 ：选择该命令，舞台上的所有对象都会显示在编辑窗口中，但只能对选中的元件进行编辑，并且其他对象的透明度会降低，如图 6.2.28 所示。

　　3） 在新窗口中编辑 ：选择该命令，将打开一个新的编辑窗口，并且在该窗口中只显示选中的元件，如图 6.2.29 所示。

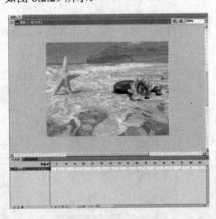 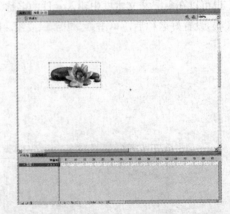

图 6.2.28　选择"在当前位置编辑"命令进入编辑模式　　图 6.2.29　选择"在新窗口中编辑"命令进入编辑模式

（4）在舞台上选中需要编辑的元件，然后选择菜单栏中的 编辑(E) → 编辑所选项目(I) 命令进入其编辑模式。

提示： 进入元件的编辑模式后，用户可以在其中进行缩放、旋转、扭曲、封套以及删除操作，编辑完元件后，无论在哪种模式下，按"Ctrl+E"键都可返回主场景的编辑模式中。除此之外，单击编辑栏中的 场景 1 按钮或选择菜单栏中的 编辑(E) → 编辑文档(E) 命令，均可返回主场景。

6.3 创建与编辑实例

在 Flash CS5 中，有时也需要对应用于动画的实例进行各种编辑操作，包括设置实例的类型、色彩样式、混合模式、旋转角度以及交换和分离实例等。

6.3.1 创建实例

创建实例的过程其实就是在动画中使用元件的过程，创建实例的具体操作步骤如下：

（1）在时间轴面板中选择一帧。

提示： Flash 只能把实例放在关键帧中，如果没有选择关键帧，Flash 会将实例添加到当前帧左侧的第一个关键帧上。

（2）选择菜单栏中的 窗口(W) → 库(L) 命令，打开库面板。

（3）选取要创建实例的元件。

（4）按住鼠标左键不放，将其拖动至舞台中，然后释放鼠标即可，其操作过程示意图如图 6.3.1 所示。

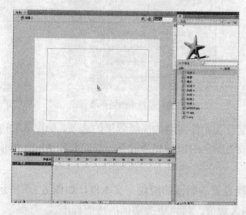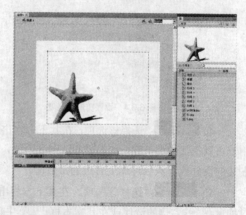

图 6.3.1 创建实例的操作过程示意图

6.3.2 编辑实例

在舞台中选中拖入的实例，其属性面板如图 6.3.2 所示。

1．设置实例类型

用户可以改变实例的类型以重新定义它在动画中的表现形式，例如可以将影片剪辑实例改变为图形。其方法很简单，首先选中要改变行为方式的影片剪辑实例，在"实例行为"下拉列表中选择 图形 选项即可，如图 6.3.3 所示。

2．设置实例色彩样式

在属性面板中单击 样式: 右侧的 无 ▼ 下拉按钮，可弹出"色彩样式"下拉列表，其各选项含义说明如下：

（1）**无**：选择该选项，不更改实例的属性。

图 6.3.2　实例属性面板　　　　　　　图 6.3.3　选择实例类型

（2）**亮度**：选择该选项，可以更改实例的亮度，通过拖曳 **亮度:** 右侧的滑块或在其文本框 ▢ % 中输入数值，可以设置该实例的明暗程度，如图 6.3.4 所示。

（3）**色调**：选择该选项，在其下方将出现与色调相关的设置选项，如图 6.3.5 所示。通过设置色调可以更改实例的颜色。

　　　　　　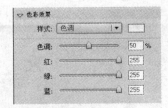

图 6.3.4　设置实例的亮度　　　　　　图 6.3.5　设置实例的色调

（4）**高级**：选择该选项，在其下方将出现设置元件实例的高级效果的选项，如图 6.3.6 所示。用户可以在其中调节红、绿、蓝和 Alpha 的值，最终颜色的值是将当前红、绿、蓝和 Alpha 的值乘以左边的百分数，然后再加上右边的常数值。

（5）**Alpha**：选择该选项，在其下方将出现设置透明度的滑块与文本框，如图 6.3.7 所示。通过拖曳 **Alpha:** 右侧的滑块或在其文本框 100 % 中输入数值，可以更改实例的透明程度。

图 6.3.6　设置实例的高级效果　　　　图 6.3.7　设置实例的透明度

3. 设置实例的混合模式

使用混合模式可以创建复合图像。复合是改变两个或两个以上重叠影片剪辑的透明度或者颜色相互关系的过程。使用混合可以混合重叠实例中的颜色，从而创造出独特的效果。单击属性面板中 **混合:** 选项右侧的下拉列表框，从弹出的下拉列表中可以选择影片剪辑实例的混合模式，如图 6.3.8 所示。

（1）**一般**：该模式是指正常应用颜色，不与基准颜色有相互关系。

（2）**图层**：使用该模式可以层叠各个影片剪辑实例，而不影响其颜色。

（3）**变暗**：使用该模式只替换比混合颜色亮的区域，比混合颜色暗的区域不变。

（4）**正片叠底**：使用该模式可以将两个影片剪辑实例的色彩叠加在一起，从而生成叠底效果。

（5）**变亮**：使用该模式只替换比混合颜色暗的像素，比混合颜色亮的区域不变。

（6）**滤色**：使用该模式将混合颜色的反色复合以基准颜色，从而产生漂白效果。

（7）**叠加**：使用该模式可以复合或过滤颜色，具体取决于基准颜色。在保留图案或基准颜色的明暗对比的基础上，对现有像素进行叠加。保留基色，但基色与混合色相混以反映原色的亮度或暗度。

（8）**强光**：使用该模式可以进行色彩值或滤色，具体情况取决于混合模式颜色。该效果类似于用点光源照射效果。

（9）**增加**：使用该模式可以在基准颜色的基础上增加混合颜色。

（10）**减去**：使用该模式可以在基准颜色的基础上减去混合颜色。

（11）**差值**：使用该模式可以从基准颜色减去混合颜色，或者从混合颜色减去基准颜色，具体取决于哪个的亮度值较大。该效果类似于彩色底片。

（12）**反相**：使用该模式可以取基准颜色反色。

（13）**Alpha**：使用该模式可以应用 Alpha 遮罩层。

> **注意**：Alpha 混合模式要求将图层混合模式应用于父级影片剪辑，不能将背景剪辑更改为 Alpha 并应用它，因为该对象将是不可见的。

（14）**擦除**：使用该模式可以删除所有基准颜色像素，包括背景图像中的基准颜色像素。

> **注意**：擦除混合模式要求将图层混合模式应用于父级影片剪辑，不能将背景剪辑更改为"擦除"并应用它，因为该对象是不可见的。

4．交换实例

用户可以为创建的图形元件实例设置不同的元件，以改变其外观，并且该实例将保留原有属性，其具体操作方法如下：

（1）单击工具箱中的"选择工具"按钮，选中需要编辑的实例。

（2）单击属性面板中的 **交换…** 按钮，弹出"交换元件"对话框，如图 6.3.9 所示。

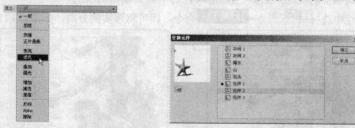

图 6.3.8　"混合模式"下拉列表　　　图 6.3.9　"交换元件"对话框

（3）选择名为"元件 1"的图形元件，单击 **确定** 按钮，即可将"元件 2"实例替换为"元件 1"，此时，该元件保留了原实例的属性。

5．设置动态图形实例播放模式

在动画编辑模式下，可以设置动态图形实例的播放模式，每种播放模式具有一定的特性，充分理解这些特性，对灵活应用实例有很大的帮助。在 Flash 中，设置动态图形实例动态播放模式的具体操作方法如下：

（1）选中舞台中图形元件的实例，并打开该实例的属性面板。

（2）单击该实例属性面板中的 `循环` ▼ 下拉按钮，弹出其下拉列表，该列表包含 3 个选项，分别为循环、播放一次和单帧，其各选项含义介绍如下：

1）循环：无论在动画编辑模式下，还是在预览模式下，均会播放元件中其他帧的内容，`第一帧:` 选项右侧的文本框用于设置元件播放的起始帧。

2）播放一次：元件中的内容只播放一次，等全部动画结束后再次循环播放一次。

3）单帧：用于显示元件中的某一帧的内容。

（3）在该列表中选择合适的选项，即可设置图形元件实例中动画的播放模式。

6．调整实例的中心点

Flash 中的组合、实例、文本框以及位图均有中心点。中心点就是在旋转对象时对象参照的圆心，默认状态下，中心点位于对象的中心。调整实例中心点的具体操作方法如下：

（1）选中实例后单击工具箱中的"任意变形工具"按钮 ，此时实例中心位置的圆就是实例的中心点。

（2）当光标靠近中心点时单击并拖曳圆点，即可改变实例中心点的位置，效果如图 6.3.10 所示。

图 6.3.10　调整实例中心点效果

7．分离实例

分离实例就是将实例打散，实例与元件之间不再有任何关系，完全打散后的实例会变成形状，可以对其进行任意修改，而不会影响原有的实例与元件。具体操作方法如下：

（1）单击工具箱中的"选择工具"按钮 ，选中需要编辑的实例。

（2）在菜单栏中选择 `修改(M)` → `分离(K)` 命令，即可将该实例分离，如图 6.3.11 所示。

图 6.3.11　分离实例

6.4　库

在 Flash CS5 中，所有的元件都被归纳在库面板中，可以被随时调用，十分方便。即使在场景中将所有元件全部删除，也不会影响库面板中的元件。

6.4.1　库面板

库面板是一个影片的仓库，所有元件都会被自动载入到当前影片的库面板中，以便以后应用时调用。另外，还可以从其他影片的库面板中调用元件，以便根据需要建立自己的库面板。选择菜单栏中的 窗口(W) → 库(L) 命令，打开当前文件的专用库，如图 6.4.1 所示。对其中各项说明如下：

（1）"新建元件"按钮：用于创建元件。

（2）"新建文件夹"按钮：用于创建文件夹。

（3）"属性"按钮：用于设置所选库元素的属性。

（4）"删除"按钮：用于删除所选库元素。

（5）"新建库面板"按钮：用于新建一个相同的库面板。

（6）"播放"按钮：单击此按钮，可以对元件中的动画效果进行预览。

（7）"停止"按钮：单击此按钮，可以停止预览元件中的动画效果。

（8）"面板菜单"按钮：用于打开库面板的菜单，从中选择需要的选项，如图 6.4.2 所示。

图 6.4.1　库面板　　　　　　　　　图 6.4.2　"库面板"菜单

库面板是由诸多库元素组成的集合，每一个库元素的基本信息均会反应在库面板中，这些信息共分为 5 大类，分别为名称、类型、使用次数、连接以及修改日期，分别选择相应的选项，即可按照相应的顺序为库面板中的对象排序。如图 6.4.3 所示为按修改日期排列库元素效果。

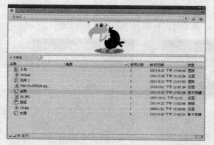

图 6.4.3　按修改日期排列库元素

另外，Flash CS5 还自带了许多公用库，分别存放在"声音""按钮"和"类"库中，用户可以使用公用库向文档添加按钮与声音，还可以使用公用库优化动画制作者的工作流程和文件资源管理。选择 窗口(W) → 公用库(N) 命令下的子菜单命令，打开 3 种类型的公用库，如图 6.4.4 所示。

　　　　"声音"库　　　　　　　　　　"按钮"库　　　　　　　　　　"类"库

图 6.4.4　系统自带的公用库

　　（1）声音库：该库中提供了多种风格的声音文件，用户可以直接将这些声音文件引入动画中。

　　（2）按钮库：该库中保存了多种类型的按钮。

　　（3）类库：该库中只提供了 DataBindingClasses、UtilsClasses 和 WebServiceClasses 3 项内容，当用户引用它们后，可以实现数据链接、网络服务器设置等功能。

6.4.2　专用库元素的管理

　　在制作 Flash 动画的过程中，使用的元件、图像、声音等对象多了之后，库面板就会很零乱，这时就有必要对它进行管理，包括归类库元素、复制库元素、更新库元素、选择未用项目、重命名库元素以及解决库元素的冲突等。

1. 归类库元素

　　在管理过程中，通常要创建一些文件夹，以便于对库元素进行分类。例如，可以创建名为"图片"的文件夹，然后将所有的图像置于其中，具体操作步骤如下：

　　（1）选择菜单栏中的 窗口(W) → 库(L) 命令，打开当前文件的专用库。

　　（2）单击"新建文件夹"按钮，创建一个空的文件夹，此时，在列表栏中将出现一个较小的箱体。

　　（3）输入文件夹的名称，这里输入"image"。

　　（4）将所有的图像拖动至"image"文件夹中，其操作示意图如图 6.4.5 所示。

图 6.4.5　库文件夹的创建操作过程示意图

注意： 如果要使用文件夹中的库元素，双击存放库元素的文件夹将其显示，然后用鼠标单击进行选择。

2. 复制库元素

在 Flash CS5 中，不仅可以在库面板中直接复制已有的元件，还可以在复制元件的基础上进行修改，从而创造出新的元件。具体操作步骤如下：

（1）选择菜单栏中的 窗口(W) → 库(L) 命令，打开当前文件的专用库，如图 6.4.6 所示。

（2）在库面板中选中要复制的元件，单击鼠标右键，在弹出的快捷菜单中选择 直接复制 命令，弹出"直接复制元件"对话框，如图 6.4.7 所示。

（3）设置好元件的名称及类型后，单击 确定 按钮，如图 6.4.8 所示。

 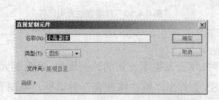 

图 6.4.6 选中库元素　　　图 6.4.7 "直接复制元件"对话框　　　图 6.4.8 复制元素效果

（4）双击复制的元件，进入该元件的编辑模式，即可对该元件进行各种修改操作。

提示： 在库面板中选中需要复制的元素，然后在库面板的右上角单击"面板菜单"按钮 ≡ ，在弹出的下拉菜单中选择 直接复制 命令，也可复制选中的元件。

3. 更新库元素

对于库中的图像、声音或视频等素材，如果使用外部编辑器进行了修改，可以在 Flash CS5 中将它们更新为最新的状态，具体操作步骤如下：

（1）选择 窗口(W) → 库(L) 命令，打开当前文件的专用库。

（2）在库中选取一个或多个需要更新的图像、声音或视频等素材。

（3）单击鼠标右键，在弹出的快捷菜单中选择 更新... 命令，将弹出"更新库项目"对话框，如图 6.4.9 所示。

图 6.4.9 "更新库项目"对话框

（4）此时，在"更新库项目"对话框中将显示出需要更新的元件，单击 更新(U) 按钮即可。

4. 选择未用项目

在制作 Flash 作品时，有时可能会制作了一些无用的元件，如果不清除这些无用元件，则会增大

Flash 文件的容量。为了准确、迅速地查找无用元件，Flash CS5 提供了自动查找无用元件的功能。单击"面板菜单"图标 ，在弹出的快捷菜单中选择 选择未用项目 命令即可，此时，Flash CS5 会自动查找出所有无用的元件，并以高亮方式显示，如图 6.4.10 所示。利用该功能可以大大节约查找时间，提高工作效率。

查找前   查找后

图 6.4.10   自动查找无用元件

5．解决库元素的冲突

当在文件之间复制库元素时，常会发生库元素的冲突现象，即复制元素与当前文件中的资源重名。如果发生了这种冲突，Flash CS5 会弹出"解决库冲突"对话框，如图 6.4.11 所示。

图 6.4.11   "解决库冲突"对话框

用户可以根据需要选择是否替换现有项目，但是这种替换是无法撤销的，所以在替换之前一定要考虑清楚。

6.4.3   共享库元素

用户可将创建的元件共享，以便在其他文档中使用。在 Flash CS5 中，可使用以下 3 种方法在不同文件中共享元件。

1．在两个文档之间复制元素

如果用户要使用原文档库中的很多元件，可将它们一次性复制，具体操作步骤如下：

（1）打开库元素所在的文件，即源文件。

（2）打开库元素需要复制到的文件，即目标文件。

（3）切换源文件为当前文件，按住"Ctrl"键单击所要复制的元件，将其全部选中。

（4）按住鼠标不放，将它们拖至目标文件的库面板中，释放鼠标后，即可将原文档库面板中选中的元件全部复制过来。

2．直接使用其他文档库面板中的元素

如果用户同时打开了多个文档，可直接使用其他文档库面板中的元件，具体操作步骤如下：

（1）在 Flash CS5 中同时打开多个文档。

（2）单击当前文档库面板预览窗口上方的 未命名-1 ▼下拉按钮，弹出其下拉列表，该列表中显示了当前所有打开文档的名称，如图 6.4.12 所示。

（3）在该列表中选择合适的选项，即可在当前窗口中打开该文件的库面板。

（4）在库面板中选择相应的元件，将其拖到舞台中即可。

3．在新文档中打开外部库

可使用打开外部库的方法，在当前文件中使用其他文件中的库，具体操作步骤如下：

（1）选择菜单栏中的 文件(F) → 导入(I) → 打开外部库(O)... 命令，弹出"作为库打开"对话框。在该对话框中选择要打开库的 Flash 文件。

（2）单击 打开(O) 按钮，即可打开选中文件的库面板，如图 6.4.13 所示。此时，用户可使用该库中的元件创建动画。

　　图 6.4.12　"文件名称"下拉列表　　　　　图 6.4.13　打开的外部库

本 章 小 结

本章主要介绍了 Flash CS5 中元件、实例与库的使用方法与技巧。通过本章的学习，读者应理解元件、实例和库的概念，以及三者之间的关系，并能熟练掌握元件和实例的创建方法与编辑技巧，熟悉 3 种元件类型各自的特性，使它们的特性得到充分的发挥。

习　题　六

一、填空题

1．在整个 Flash 动画的制作过程中，需要用到很多素材，包括声音、元件、图片等，_____提供了保存这些对象的功能。

2．在 Flash CS5 中，元件包括_____、_____和_____ 3 种类型，不同类型的元件可产生不同的交互效果。

3．所谓_____就是元件在舞台中的应用，或者嵌套在其他元件中的元件。

4．Flash CS5 提供的库面板有两种：一种是_____的库；另一种是_____的库。

5．在 Flash CS5 中，图形元件主要用于定义_____的对象，它包括_____和_____两种。

6．在 Flash CS5 中，使用_____可以创建复合图像。

二、选择题

1．在 Flash CS5 中，按（　　）键可以将舞台中的对象或动画转换为元件。

　　（A）Ctrl+F8　　　　　　　　　　　　（B）F8

　　（C）Ctrl+F11　　　　　　　　　　　　（D）Ctrl+L

2．在 Flash CS5 中，用于打开库面板的快捷键是（　　）。

　　（A）F8　　　　　　　　　　　　　　　（B）Ctrl+F8

　　（C）Ctrl+L　　　　　　　　　　　　　（D）F6

3．在 Flash CS5 中，使用（　　）功能可以将实例与元件之间不再有任何关系。

　　（A）交换实例　　　　　　　　　　　　（B）分离实例

　　（C）设置实例类型　　　　　　　　　　（D）转换元件

4．Flash CS5 的内置公用库包括（　　）。

　　（A）组件　　　　　　　　　　　　　　（B）按钮

　　（C）类　　　　　　　　　　　　　　　（D）声音

三、简答题

1．简述元件的类型及含义。

2．简述转换和修改元件的方法。

3．简述在 Flash CS5 中如何共享库元素。

四、上机操作题

1．将一幅图像转换为图形元件，并在舞台中创建其多个实例。

2．打开一个制作好的 Flash 动画，然后交换和分离文档中的实例。

3．利用本章所学的知识，创建一个导航按钮。

第 7 章　多媒体应用

所谓多媒体，是指传播信息的介质，通俗地讲就是宣传的载体或平台，能为信息的传播提供平台的就可以称为多媒体。Flash CS5 中的多媒体文件主要包括视频文件和声音文件，在制作动画时，可以为不同的动画添加声音和视频，通过添加这些元素，使创建的影片更加丰富多彩。

教学目标

（1）声音的基础知识。
（2）导入和编辑声音。
（3）导入和编辑视频。

7.1　声音的基础知识

在 Flash CS5 中，声音是一个重要的部分，缺少了声音，就像回到了无声电影世界里，没有了声音，就会影响动画的表现。Flash 中的声音分为两类，一类是事件声音，常用于按钮上，仅在完全载入后才能播放，在命令后才会停止；另一类是流式声音，只要载入前几帧后即可播放。

影响声音质量的主要因素是声音的采样频率、位深、声道和声音的保存格式等，其中声音的采样频率和位深直接影响声音的立体感效果；声音的保存格式影响声音的质量和声音文件的大小。

7.1.1　声音的采样频率

采样频率也称为采样速度或采样率，指计算机每秒钟采集多少个声音样本，是描述声音文件的音质、音调，衡量声卡、声音文件的质量标准。采样频率越高，即采样的间隔时间越短，则在单位时间内计算机得到的声音样本数据就越多，对声音波形的表示也越精确。在日常生活中所听到的 CD 音乐的采样频率是 44.1 kHz（即每秒钟采样 44 100 次），而广播的采样频率是 22.5 kHz。声音采样率与声音品质的关系如表 7.1 所示。

表 7.1　声音采样率与声音品质的关系

声音采样率	声音品质	用　途
5 kHz	演讲等人声可以接受	用于单调的演讲
11.025 kHz	作为声效可以接受	用于演讲等人声、按钮等声音效果
22.05 kHz	FM 收音机效果	用于要求不高的声音剪辑
32 kHz	接近 CD 效果	用于专业、消费类数字摄录机
44.1 kHz	纯粹 CD 效果	高保真声音或音乐
48 kHz	专业录音棚效果	用于制作音频母带

一般情况下，几乎所有的声卡内置的采样频率都是 44.1kHz，因此，在 Flash 动画中播放的声音的采样频率应该是 44.1 的倍数。如果使用了其他采样频率的声音，Flash 会对它进行重新采样，虽然

可以播放,但是最终播放出来的声音可能会比原始声音的声调偏高或偏低,这样就会背离原来的创意,影响整个 Flash 动画的效果。

7.1.2　声音的位深

声音品质的好坏决定于声音样本的质量,而决定样本质量的最重要因素就是"位深"。声音的位深是指录制每一个声音样本的精确程度。位深是以级数表示的,级数越多,样本的精确程度就越高,声音的质量也就越好。声音的位深与声音品质的关系如表 7.2 所示。

表 7.2　声音的位深与声音品质的关系

声音的位深	声音品质	用　途
8 位	演讲等人声可以接受	用于人声或音效
10 位	FM 收音机效果	用于音乐片段
12 位	接近 CD 效果	用于效果好的音乐片段
16 位	纯粹 CD 效果	高保真声音或音乐
24 位	专业录音棚效果	用于制作音频母带

7.1.3　声道

声道也称为声音通道,是指将一个声音分解成多个声音通道,再分别进行播放,各个通道的声音在空间进行混合,这样就模拟出声音的立体效果。

通常我们所说的立体声其实就是双声道,即左声道和右声道。随着科技的发展,已经出现了四声道和五声道,甚至更多声道的数字声音。每个声音的信息量几乎是一样的,因此多一个通道就会多一倍的信息量,声音文件就会增大一倍,这对于 Flash 动画作品的发布有很大的影响。因此,一般在 Flash 动画中使用的是单声道。

7.1.4　声音的文件格式

从声音的信息量来看,16 位的声音信息要比 8 位的声音信息容量要大得多。但是,在实际应用时,声音的信息量是以一定的文件格式保存的,而声音的文件格式对声音的品质、声音文件的大小等有很大的影响。一般声音的文件格式可分为无损压缩格式和有损压缩格式两种类型。

1. 无损压缩格式

无损压缩格式是指声音的所有信息被完整地保存,所有保存的声音文件很大,此时的 16 位声音文件比 8 位声音文件大一倍。这种格式的代表是微软公司的 Microsoft PCM(.wav)和苹果公司的 Apple AIFF（.aif）。

2. 有损压缩格式

有损压缩格式是必须通过压缩编码的压缩格式,如 MP3,RM 等。由于声音信息经过编码,所有保存下来的声音文件较小,但对 16 位和 8 位声音来说,8 位声音保存下来的声音文件不一定比 16 位的小。因为大部分的压缩编码器并不支持 8 位声音,所有 16 位和 8 位声音保存下来的声音文件是一样大的。

7.2 导入和编辑声音

Flash CS5 提供了多种使用声音的方式，可以使声音独立于时间轴连续播放，还可以使动画与某一声音同步播放，也可以向按钮添加声音，使按钮具有更强的感染力。另外，通过设置和编辑声音属性，可以使声音更加优美。

7.2.1 导入声音

在 Flash CS5 中，可以导入 WAV，MP3 等格式的声音文件，但不能直接导入 MIDI 文件。如果系统上安装了 QuickTime 4 或更高版本的播放器，还可以导入 AIFF，Sun AU 等格式的声音文件。导入声音的具体操作步骤如下：

（1）新建一个 Flash 文档或者打开一个已有的 Flash 文档。

（2）选择 文件(F) → 导入(I) → 导入到库(L)... 命令，弹出"导入到库"对话框，如图 7.2.1 所示。

（3）用户在该对话框中选择要导入的声音文件，单击 打开(O) 按钮，即可将声音文件导入到 Flash 动画中。

（4）等声音导入后，就可以在库面板中看到刚导入的声音文件，以后可以像使用元件一样使用导入的声音对象，如图 7.2.2 所示。

图 7.2.1 "导入到库"对话框

图 7.2.2 声音文件库面板

7.2.2 引用声音

将声音从外部导入 Flash 中以后，声音会保存在库面板中，时间轴并没有发生任何变化。用户必须引用声音文件，声音对象才能出现在时间轴上，才能进一步使用和编辑声音。

1. 向文档添加声音

要在文档中添加声音，首先必须为声音文件选择或新建一个图层，然后从库面板中拖曳声音文件至舞台中，即可将声音文件添加到选择或新建的图层。此时，在该图层上将显示出声音文件的波形，如图 7.2.3 所示。另外，用户可以将多个声音放在同一图层上，或放在包含其他对象的图层上。

要测试添加到文档中的声音，可以使用与预览帧或测试 SWF 文件相同的方法，在包含声音的帧上拖动播放头，或按"Enter"键，即可听到添加的声音。

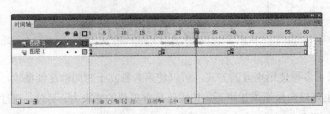

图 7.2.3　声音文件的波形

在时间轴面板中选中包含声音波形的帧，即可在帧属性面板中显示声音的各选项参数，如图 7.2.4 所示。

其面板中的各选项参数介绍如下：

（1）**名称**：用于选择声音文件的名称。当用户导入多个声音文件时，单击其右侧的 **莫失莫忘.mp3** ▼ 按钮，可从弹出的如图 7.2.5 所示的下拉列表中选择合适的声音。

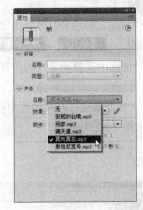

图 7.2.4　声音属性面板　　　　　　　　图 7.2.5　"名称"下拉列表

（2）**效果**：用于设置声音的播放效果。单击其右侧的 **无** ▼ 按钮，弹出其下拉列表，如图 7.2.6 所示。

1）**无**：表示不对声音文件应用效果，选择此选项将删除以前应用的效果。

2）**左声道** / **右声道**：表示只能在左声道或右声道播放声音。

3）**向右淡出** / **向左淡出**：表示在播放时，会将声音从左声道切换到右声道或从右声道切换到左声道。

4）**淡入** / **淡出**：表示会在声音的持续时间内逐渐增加或减小音量。

5）**自定义**：表示可以通过"编辑封套"对话框创建声音的淡入或淡出点。

（3）**同步**：用于设置声音的同步方式。单击其右侧的 **事件** ▼ 按钮，弹出其下拉列表，如图 7.2.7 所示。

图 7.2.6　"声音效果"下拉列表　　　　　图 7.2.7　"声音同步"下拉列表

1）**事件**：该选项是 Flash CS5 内所有声音的默认选项。如果不将其改为其他选项，声音将会自动作为事件声音。事件声音与发生事件和关键帧同时开始，它独立于时间轴播放。如果事件声音比时间轴动画长，那么即使动画播放完毕，声音还会继续播放。当播放发布的 Flash 文件时，事件声音会和动画混合在一起。事件声音是最容易实现的，适用于背景音乐和其他不需要同步的音乐。

2）　开始 ：该选项与　事件　选项的功能相似，但如果声音正在播放，使用　开始　选项则不会播放新的声音实例。

3）　停止 ：该选项将使指定的声音静音。

4）　数据流 ：该选项将强制动画和音频流同步。与事件声音不同，音频流随着 SWF 文件的停止而停止。而且，音频流的播放时间绝对不会比帧的播放时间长。当发布 SWF 文件时，音频流混合在一起。

（4）　重复 　　　　　 ▼ ：用于设置声音的循环播放的次数。在其下拉列表中包括两个选项：重复 和 循环 。

1）　重复 ：可指定声音重复播放的次数。

2）　循环 ：可将声音不停地重复播放。

2．向按钮添加声音

在 Flash CS5 中，用户可以为按钮元件添加声音，使按钮在不同状态下具有不同的音效。为按钮添加声音的具体操作步骤如下：

（1）新建一个 Flash 文档，选择 窗口(W) → 公用库(N) → 按钮 命令，打开"按钮"公用库，在其中选择一个按钮将其拖入舞台中。

（2）双击该按钮，进入此按钮元件的编辑窗口，然后新建一个名称为"music"的图层。

（3）分别在"music"图层中的 指针 和 按下 帧上插入关键帧，时间轴面板如图 7.2.8 所示。

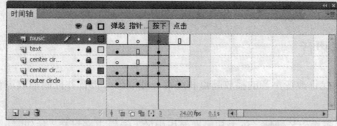

图 7.2.8　插入关键帧

（4）分别选中 指针 和 按下 帧，然后从库面板中拖动声音元件到舞台中，或在帧属性面板中的名称: 下拉列表中选择需要的声音文件，如图 7.2.9 所示。

图 7.2.9　拖入声音文件

（5）单击 图标，返回到场景 1，按"Ctrl+Enter"键即可测试按钮声音效果。

提示：也可以选择菜单栏中的 窗口(W) → 公用库(N) → 声音 命令，从打开的"声音"库面板中选择需要的声音文件，并将其拖入到舞台中。

3．使用声音的链接

在 Flash CS5 中，用户除了使用前面介绍的方法引用声音外，还可以使用动作脚本中与声音相关的对象来为动画添加和控制声音。为了能够在声音动作脚本中使用声音，必须为声音元件设置一个标识符，因此可以使用以下方法来实现声音的链接。

（1）在库面板中导入的声音文件上单击鼠标右键，从弹出的下拉菜单中选择 **属性…** 选项（见图 7.2.10），弹出"声音属性"对话框。

（2）在其对话框中单击 **高级** 按钮，展开"声音属性"对话框，然后在 **链接** 选项区中选中 **☑ 为 ActionScript 导出(X)** 复选框，激活其他选项，如图 7.2.11 所示。

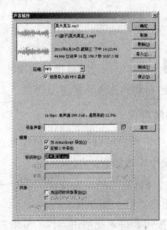

图 7.2.10　选择"属性"选项　　　　　图 7.2.11　"声音属性"对话框

（3）在 **标识符(I):** 文本框中为声音分配一个标识符，单击 **确定** 按钮即可。

7.2.3　编辑声音

在 Flash CS5 中允许改变声音的播放起点和终点、截取部分声音并控制播放声音的大小，其具体操作步骤如下：

（1）选中声音所在的关键帧，单击其属性面板中的"编辑声音封套"按钮 ✏，弹出"编辑封套"对话框，如图 7.2.12 所示。

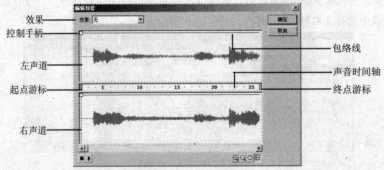

图 7.2.12　"编辑封套"对话框

（2）如果用户要改变声音的播放效果，可单击 **效果:** 右侧的下拉按钮 ▼，从弹出的下拉列表中选择声音的播放效果，如图 7.2.13 所示。

（3）如果用户只截取部分声音，可以改变声音的起始点和终止点，通过拖曳对话框中的起点游标‖和终点游标‖，来改变声音的起始位置和结束位置，如图 7.2.14 所示。

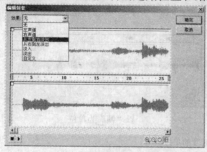
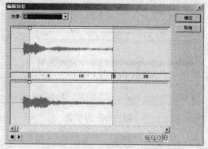

图 7.2.13　"效果"下拉列表　　　　　　　　　图 7.2.14　截取部分声音效果

（4）通过拖曳幅度包络线上的控制柄，可以改变声音上不同点的高度，从而改变声音的幅度，如图 7.2.15 所示。

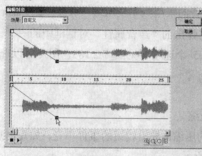
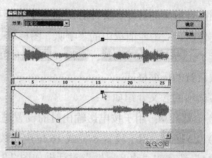

降低音量　　　　　　　　　　　　　　　　增大音量

图 7.2.15　更改声音的音量

提示： 包络线表示声音播放时的音量，单击包络线，最多可以创建 8 个控制柄。若要删除控制柄，只须拖动控制柄到窗口外即可。

（5）为了很好地显示更多的声音波形或者更精确地编辑和控制声音，可以使用"放大"按钮⊕和"缩小"按钮⊖，还可以使用对话框下方的滚动条来显示较长声音波形，如图 7.2.16 所示。

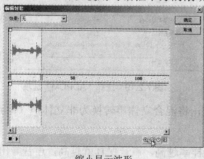
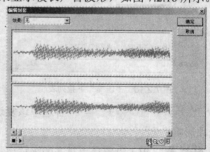

缩小显示波形　　　　　　　　　　　　　　放大显示波形

图 7.2.16　更改波形的显示

（6）在对话框右下角有两个按钮，分别为"秒"按钮⊙和"帧"按钮，它们用来改变时间轴的单位。一个表示声音以帧为单位显示其刻度；另一个表示声音以秒为单位显示其刻度，如图 7.2.17所示。

（7）编辑完成后，单击"播放"按钮▶可试听编辑后的声音效果，单击"停止"按钮■可停止声音的播放。

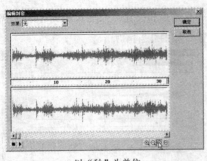
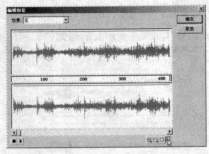

以"秒"为单位　　　　　　　　　　　　以"帧"为单位

图 7.2.17　切换刻度的单位

7.2.4　压缩声音

动画声音效果的好坏、文件容量的大小等都与声音的采用频率及压缩率有关。在 Flash CS5 中导入声音文件后，双击库面板中的"喇叭"图标 ，在弹出的"声音属性"对话框中的 压缩 下拉列表中，提供了 默认值 、 ADPCM 、 MP3 、 原始 和 语音 5 个选项（见图 7.2.18），用户可以选择一个选项，更改声音的压缩格式。

其各选项的含义介绍如下：

（1） 默认值 ：用于按电影输出时的设置进行压缩。

（2） ADPCM ：用于设置 8 位或 16 位声音数据的压缩，导出较短的事件声音，如短消息提示音。"ADPCM"选项的"声音属性"对话框如图 7.2.19 所示。

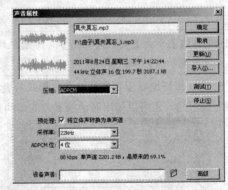

图 7.2.18　"压缩"下拉列表　　　　　　　　图 7.2.19　选择"ADPCM"选项

1） 将立体声转换为单声道 ：若选中该复选框，将混合立体声转换为非立体声（单声），单声不受此选项影响。

2） 采样率: ：用于设置导出声音的采样率，采样率越高，声音保真就越高，声音导出时的质量也就越好，但文件体积就越大。单击其右侧的下拉按钮 ，弹出"采样率"下拉列表，如图 7.2.20 所示。其中，5kHz 适合于说话声；11kHz 适合于一小段音乐最低质量的采样率；22kHz 是因特网上最常用的采样率；44kHz 是标准的 CD 采样率。

3） ADPCM位: ：用于设置使用 ADPCM 码的位数，位数越高，声音效果越好。2 位质量最低，文件最小；5 位质量最高，文件最大。

（3） MP3 ：此压缩格式是现在非常流行的音乐文件压缩格式，用于较长的流式声音。"MP3"选项的"声音属性"对话框如图 7.2.21 所示。

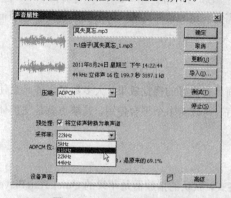

图 7.2.20　"采样率"下拉列表　　　　　　　　图 7.2.21　选择"MP3"选项

（4）**原始**：表示对输出的声音不作任何压缩。"原始"选项的"声音属性"对话框如图 7.2.22 所示，此压缩格式由于其选项的意义与"ADPCM"选项下的相同，这里就不再赘述。

（5）**语音**：用于处理语音质量。"语音"选项的"声音属性"对话框如图 7.2.23 所示，由于其选项的意义与"ADPCM"选项下的相同，这里就不再赘述。

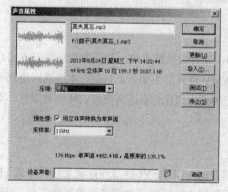
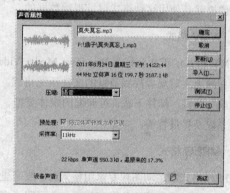

图 7.2.22　选择"原始"选项　　　　　　　　　图 7.2.23　选择"语音"选项

7.3　导入和编辑视频

在 Flash CS5 中，使用"视频导入"向导功能可以将视频剪辑导入到 Flash 文档中。利用该向导还可以选择是否将视频剪辑导入为嵌入或链接文件。当将视频剪辑导入为嵌入文件时，可以使用"视频导入"向导在导入前编辑此视频。另外，还可以使用 Adobe Media Encoder 软件对将要导入的视频进行各种编辑操作。

在 Flash 中，用户可以用嵌入文件方式导入系统支持的任何格式的视频剪辑。在发布影片时，视频剪辑将被包含在发布的影片中。根据视频格式和所选导入方法的不同，可以将具有视频的影片发布为 Flash 影片或 QuickTime 影片。

7.3.1　视频的文件格式

在电视或电影中播放的信息，就是视频信息，它由一连串连续变化的画面组成，主要特征是声音与动态画面同步。视频文件的播放可以用 Windows "附件"中的"媒体播放器"来完成。

　　Flash CS5 几乎支持所有常见的视频格式，但是需要一定的软件支持，如果用户装有 QuickTime 7，DirectX 9 或更高版本，就可以将外部的视频文件导入到 Flash 中。

1．AVI 格式

　　AVI 格式即音频视频交错格式，此种格式的动画具有良好的视觉效果，大多数多媒体光盘使用它来保存电影片断。这种视频格式的优点是图像质量好，可以跨多个平台使用，其缺点就是文件体积太大，会占用较大的硬盘空间。

2．MOV 格式

　　MOV 格式是美国 Apple 公司开发的一种视频格式，默认的播放器是苹果的 QuickTimePlayer。它具有较高的压缩比率和较完美的视频清晰度等特点，但是其最大的特点还是跨平台性，即不仅能支持 MacOS，同样也能支持 Windows 系列。

3．DV 格式

　　DV 格式是由索尼、松下、JVC 等多家厂商联合推出的一种家用数字视频格式，目前非常流行的数码摄像机就是使用这种格式记录视频数据的。

4．WMV 格式

　　WMV 格式的英文全称为 Windows Media Video，也是微软推出的一种采用独立编码方式并且可以直接在网上实时观看视频节目的文件压缩格式。WMV 格式的主要优点包括：本地或网络回放、可扩充的媒体类型、部件下载、可伸缩的媒体类型、流的优先级化、多语言支持、环境独立性、丰富的流间关系以及扩展性等。

5．MPEG 格式

　　MPEG 格式即运动图像专家组格式，一般家里常看的 VCD，SVCD，DVD 就是这种格式。MPEG 文件格式是运功图像算法的国际标准，它采用了有损压缩方法减少运动图像中的冗余信息，目前，此格式有 3 个压缩标准，分别为 MPEG—1，MPEG—2，MPEG—4。此格式的优点是文件压缩比很高，文件体积很小，其缺点是图像质量不佳。

6．RMVB 格式

　　RMVB 格式是一种由 RM 视频格式升级延伸出的新视频格式，此视频格式具有内置字幕和无需外挂插件支持等独特优点。

7.3.2　使用组件加载视频

　　在 Flash CS5 中，导入视频的方式有多种，下面将以使用回放组件加载外部视频为例来介绍视频的导入方法与技巧。其具体操作步骤如下：

　　（1）选择菜单栏中的 文件(F) → 导入(I) → 导入视频... 命令，弹出"选择视频"对话框，如图 7.3.1 所示。

　　（2）单击 文件路径: 右侧的 浏览... 按钮，弹出如图 7.3.2 所示的"打开"对话框，在其中选择要导入的视频文件。

图 7.3.1　"选择视频"对话框　　　　　　　图 7.3.2　"打开"对话框

（3）单击 打开(O) 按钮，返回"选择视频"对话框，如图 7.3.3 所示。

（4）保持默认设置，单击 下一步> 按钮，弹出"外观"对话框，如图 7.3.4 所示。

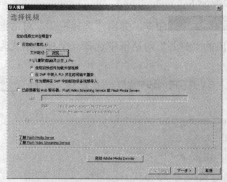

图 7.3.3　设置"选择视频"对话框　　　　　图 7.3.4　"外观"对话框

（5）单击 外观: 右侧的下拉按钮 ▼，弹出如图 7.3.5 所示的下拉列表，从中选择合适的选项设置播放插件的外观。

（6）设置好参数后，单击 下一步> 按钮，弹出"完成视频导入"对话框，如图 7.3.6 所示。

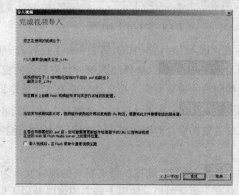

图 7.3.5　"外观"下拉列表　　　　　　　图 7.3.6　"完成视频导入"对话框

（7）单击 完成 按钮，弹出"获取元数据"进度条，当 Flash CS5 完成编码后，即可将选中的视频文件导入到舞台中，效果如图 7.3.7 所示。

（8）此时，按"Ctrl+Enter"键，即可在 Flash 播放器中预览导入的视频对象，效果如图 7.3.8 所示。

图 7.3.7　将视频导入到舞台中

图 7.3.8　导入视频效果

7.3.3　嵌入 FLV 视频

在 Flash CS5 文档中嵌入 FLV 视频的具体操作步骤如下：

（1）选择菜单栏中的 文件(F) → 导入(I) → 导入视频... 命令，弹出"选择视频"对话框。

（2）单击 文件路径: 右侧的 浏览... 按钮，在弹出的"打开"对话框中选择一个视频格式为 FLV 的文件，如图 7.3.9 所示。

（3）在"选择视频"对话框中选中 ⊙ 在 SWF 中嵌入 FLV 并在时间轴中播放 单选按钮，单击 下一步 > 按钮，弹出"嵌入"对话框，如图 7.3.10 所示。

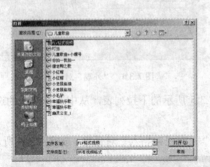

图 7.3.9　"打开"对话框

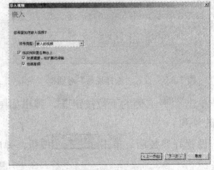

图 7.3.10　"嵌入"对话框

（4）在"嵌入"对话框中的 符号类型: 下拉列表中可以选择将视频嵌入到 Flash 文件的元件类型。

1）嵌入的视频：选择此选项，会将导入的视频直接嵌入到主时间轴中。如果要使用在时间轴上的线性回放的视频剪辑，那么最合适的方法就是将该视频导入到时间轴中。

2）影片剪辑：选择此选项，会将导入的视频嵌入为影片剪辑，使用嵌入的视频时，最佳的方法是将视频放置在影片剪辑实例中，这样可以更好地控制该内容。视频的时间轴独立于主时间轴进行播放。

3）图形：选择此选项，会将导入的视频嵌入为图形元件，使用户无法使用 ActionScript 与该视频进行交互。通常图形元件用于静态图像以及用于创建一些绑定到主时间轴的可重用的动画片段。

（5）在"嵌入"对话框中选中 ☑ 将实例放置在舞台上 复选框，可以将导入的视频放置在舞台上，若要仅导入到库中，可取消选中该复选框。

（6）在"嵌入"对话框中选中 ☑ 如果需要，可扩展时间轴 复选框，可以自动扩展时间轴以满足视频长度的要求。

（7）设置好参数后，单击 下一步 > 按钮，弹出"完成视频导入"对话框，如图 7.3.11 所示。

（8）单击 完成 按钮，即可将 FLV 视频嵌入到 Flash 文档中，如图 7.3.12 所示。

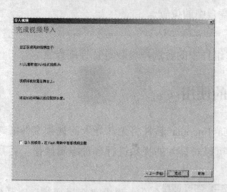
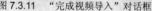

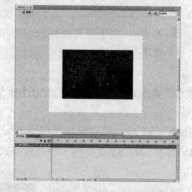

图 7.3.11　"完成视频导入"对话框　　　　　图 7.3.12　将 FLV 视频嵌入 Flash 文档效果

（9）新建图层 2，导入一个相框图片，以装饰画面效果，如图 7.3.13 所示。

（10）按"Ctrl+Enter"键，即可在 Flash 播放器中播放导入的视频对象，效果如图 7.3.14 所示。

图 7.3.13　导入图片　　　　　　　　　图 7.3.14　嵌入 FLV 视频效果

7.3.4　设置视频属性

导入视频后的属性面板如图 7.3.15 所示，用户可在其属性面板中对导入的视频进行设置。

"使用组件加载视频"属性面板　　　　　　"嵌入 FLV 视频"属性面板

图 7.3.15　属性面板

其属性面板中各选项的含义介绍如下：

（1）<实例名称>：用于设置视频的实例名称。

（2）X: 24.00 和 Y: 34.15：用于设置视频在舞台中的位置。

（3）宽: 和 高::用于设置视频的宽度和高度。

（4）▽ 组件参数：用户可以在该选项区中对组件中的各选项参数进行详细设置。

7.3.5　Adobe Media Encoder 软件的使用

在 Flash CS5 中，可以通过使用 Adobe Media Encoder 软件将无法导入的视频文件格式转换为 FLV，F4V 等 Flash CS5 支持的多种视频格式，还可以对导入的视频进行各种编辑操作。其具体操作步骤如下：

（1）选择菜单栏中的 文件(F) → 导入(I) → 导入视频... 命令，弹出"选择视频"对话框。

（2）单击 文件路径: 右侧的 浏览... 按钮，弹出"打开"对话框，在其中选择要导入的视频文件，如图 7.3.16 所示。

（3）单击 打开(0) 按钮，弹出如图 7.3.17 所示的提示框（一），提示启动 Adobe Media Encoder 转换文件格式，单击 确定 按钮返回"导入视频"对话框。

图 7.3.16　"打开"对话框

图 7.3.17　提示框（一）

（4）在"导入视频"对话框的下方单击 启动 Adobe Media Encoder 按钮，弹出如图 7.3.18 所示的提示框（二）。

（5）单击 确定 按钮启动 Adobe Media Encoder 软件，并将导入的视频文件添加到编解码列表中，如图 7.3.19 所示。

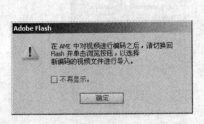

图 7.3.18　提示框（二）

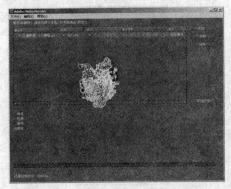

图 7.3.19　"Adobe Media Encoder"窗口

（6）在"Adobe Media Encoder"窗口中单击如图 7.3.20 所示的位置，打开"导出设置"对话框，如图 7.3.21 所示。

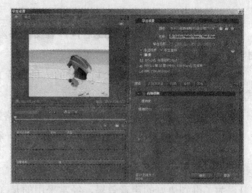

图 7.3.20　选择文件　　　　　　　　　　　图 7.3.21　"导出设置"对话框

（7）设置完成后，单击 **确定** 按钮，返回"Adobe Media Encoder"窗口。

（8）单击 **开始队列** 按钮，开始对视频文件进行编码，如图 7.3.22 所示。

（9）完成编码后，关闭"Adobe Media Encoder"窗口。

（10）重复步骤（1）和（2）的操作，弹出"打开"对话框，此时在对话框中即可看到转换后的视频文件，如图 7.3.23 所示。

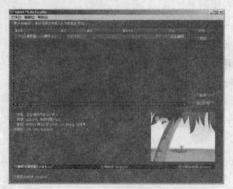

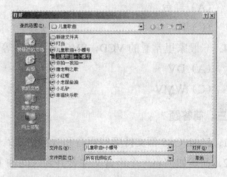

图 7.3.22　对视频文件进行编码　　　　　　图 7.3.23　"打开"对话框

本 章 小 结

本章主要介绍了 Flash CS5 中多媒体的应用，包括声音的基础知识、导入和编辑声音以及导入和编辑视频等内容。通过本章的学习，读者应该熟练掌握 Flash 中声音与视频的使用方法与编辑技巧，以制作出具有丰富表现力的 Flash 动画作品。

习 题 七

一、填空题

1. 在 Flash CS5 中，直接影响声音立体感效果的是_____和_____。

2. Flash 中的声音分为两类，一类是_____，另一类是_____。

3．声音品质的好坏决定于声音样本的质量，而决定样本质量的最重要因素就是_____。

4．一般情况下，声音的文件格式可分为_____和_____两种。

5．将声音导入到 Flash CS5 后，声音文件并没有被应用到动画中，只有将其添加到_____中才可以发挥作用。

6．_____格式是微软公司开发的一种声音文件格式，也叫波形声音文件，是最早的数字音频格式。

7．_____格式是一种音频压缩技术，此格式的声音文件体积小、传输方便、音质较好。

8．_____格式是美国 Apple 公司开发的一种视频格式。

二、选择题

1．为了得到更好的声音效果，经常采用的是（　）位音频。

 （A）8　　　　　　　　　　　　　　（B）16

 （C）24　　　　　　　　　　　　　（D）32

2．在 Flash CS5 中，可以使用的声音导入格式为（　）。

 （A）MP3　　　　　　　　　　　　（B）WAV

 （C）AVI　　　　　　　　　　　　（D）AIFF

3．在 Flash CS5 中，导入的音频被放置于（　）中。

 （A）舞台　　　　　　　　　　　　（B）时间轴

 （C）库　　　　　　　　　　　　　（D）全选

4．一般家里常看的 VCD，SVCD，DVD 等使用的是（　）格式。

 （A）DV　　　　　　　　　　　　　（B）MPEG

 （C）WMV　　　　　　　　　　　　（D）AVI

三、简答题

1．Flash CS5 都支持哪些声音和视频格式？

2．简述如何将一个声音文件合并到时间轴上。

3．简述如何使用组件加载视频。

四、上机操作题

1．制作一个按钮，单击和经过此按钮时，按钮会发出不同的声音。

2．制作一个简单的网页，然后在网页中加载一段简短的视频。

3．打开一个 Flash 动画，练习为其配音和添加字幕。

第8章 Flash 动画的制作

在众多的动画制作软件中，Flash CS5 是基于矢量的具有交互性的图形编辑和二维动画的制作软件，它具有强大的动画制作功能和超凡的视听表现力。本章将重点介绍 Flash 动画的制作方法与技巧。

教学目标

（1）逐帧动画。
（2）补间动画。
（3）遮罩动画。
（4）引导线动画。
（5）反向运动动画。

8.1 逐 帧 动 画

逐帧动画是一种常见的动画形式，其原理是在"连续的关键帧"中分解动画动作，也就是在时间轴的每一帧上逐帧绘制不同的内容，在连续播放时利用人的视觉残留现象，形成流畅的动画效果。通常来说，相似的画面越多，动画效果就越逼真。

8.1.1 逐帧动画的制作方法

逐帧动画的制作方法包括两个要点，一是逐帧添加关键帧，二是在关键帧中绘制或导入不同的图形，这样快速播放就产生了动画。其具体操作方法如下：

（1）启动 Flash CS5 应用程序，新建一个 Flash 文档。

（2）选中图层 1 中的第 1 帧，使用工具箱中的多角星形工具 ◎ 在舞台的左侧绘制一个四边形，如图 8.1.1 所示。

（3）在时间轴面板中连续按"F6"键 9 次，插入 9 个关键帧，如图 8.1.2 所示。

图 8.1.1 绘制四边形

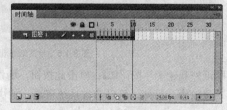
图 8.1.2 插入关键帧

（4）选中第 2 帧，使用键盘上的方向键调整舞台中四边形的位置，使之向右移动一定的距离，效果如图 8.1.3 所示。

（5）重复步骤（4）的操作，分别移动其余 8 个帧上四边形的位置，效果如图 8.1.4 所示。

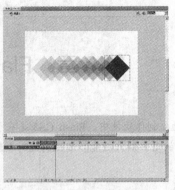

图 8.1.3　移动四边形　　　　　　　　　　图 8.1.4　逐帧动画效果

8.1.2　绘图纸功能

绘图纸是一个帮助定位和编辑动画的辅助功能，这个功能对制作逐帧动画特别有用。通常情况下，Flash 在舞台中一次只能显示动画序列的单个帧，使用绘图纸功能后，就可以在舞台中一次查看两个或多个帧。

因为逐帧动画的各帧形状有相似之处，所以如果要一帧一帧绘制，工作量不但大，而且定位会非常困难。这时如果使用绘图纸功能，一次查看和编辑多个帧，对制作细腻的逐帧动画将有很大的帮助。如图 8.1.4 所示为使用了绘图纸功能后的效果，从图中可以看出，当前帧中内容用全彩色显示，其他帧内容以半透明显示，看起来好像所有帧内容是画在一张半透明的绘图纸上，这些内容相互层叠在一起。

"绘图纸"各个按钮的功能介绍如下：

（1）"绘图纸外观"按钮：单击此按钮，在时间轴的上方将出现绘图纸外观标记，使用鼠标拖曳外观标记的两端，可以扩大或缩小显示范围，如图 8.1.5 所示。

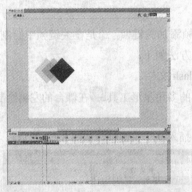
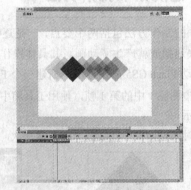

图 8.1.5　绘图纸外观效果

（2）"绘图纸外观轮廓"按钮：单击此按钮，场景中将显示各帧内容的轮廓线，填充色消失，特别适合观察对象轮廓，另外，可以节省系统资源，加快显示过程，如图 8.1.6 所示。

（3）"编辑多个帧"按钮：单击此按钮，可以显示全部帧内容，并且可以同时编辑多个帧，如图 8.1.7 所示。

（4）"修改绘图纸标记"按钮：单击此按钮，将弹出如图 8.1.8 所示的下拉菜单。

1）**始终显示标记**：会在时间轴标题中显示绘图纸外观标记，无论绘图纸外观是否打开。

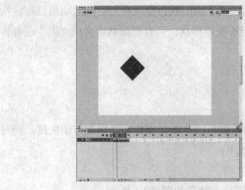

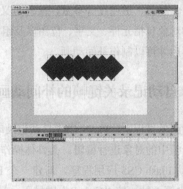

图 8.1.6 绘图纸外观轮廓效果　　　　　图 8.1.7 编辑多个帧效果

2）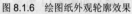：会将绘图纸外观标记锁定在当前位置。通常情况下，绘图纸外观范围是和当前帧的指针以及绘图纸外观标记相关的，通过锚记绘图纸外观标记，可以防止它们随当前帧的指针移动。

3）绘图纸2：会在当前帧的两边显示 2 个帧，如图 8.1.9 所示。

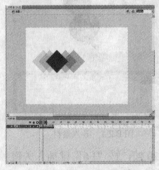

图 8.1.8 "修改绘图纸标记"下拉菜单　　　　图 8.1.9 绘图纸 2 效果

4）绘图纸5：会在当前帧的两边显示 5 个帧，如图 8.1.10 所示。

5）所有绘图纸：会在当前帧的两边显示全部帧，如图 8.1.11 所示。

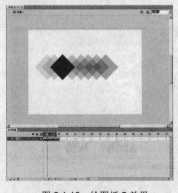

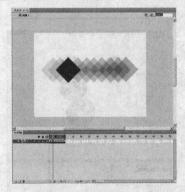

图 8.1.10 绘图纸 5 效果　　　　　图 8.1.11 所有绘图纸效果

8.2 补间动画

补间动画的基本制作方法是在一个关键帧上放置一个对象，然后在另一个关键帧上改变这个对象的大小、位置、颜色、透明度等参数,接着定义补间动画,Flash 就会自动补上中间的动画过程。构成补间动画的对象包括元件、文字、位图以及组等,但不能是形状,只有把形状组合成"组"或者转换为"元件"后才可以制作补间动画。

8.2.1　自动记录关键帧的补间动画

在制作动画的过程中,Flash CS5 自动记录动画的关键帧,从而使制作动画更加方便快捷,同时还可以对每一帧中的对象进行编辑。其具体操作方法如下:

（1）启动 Flash CS5 应用程序,新建一个 Flash 文档。

（2）选中第 1 帧,按"Ctrl+R"键导入一幅灯笼图片,效果如图 8.2.1 所示。

（3）选中舞台中的图片,按"F8"键将其转换为图形元件,如图 8.2.2 所示。

　　　　图 8.2.1　导入素材　　　　　　　　　　图 8.2.2　将图片转换为元件

（4）选中第 20 帧,按"F6"键插入关键帧。

（5）在第 1 帧至第 20 帧之间的任意一帧上单击鼠标右键,从弹出的快捷菜单中选择 **创建补间动画** 命令,创建一段补间动画,效果如图 8.2.3 所示。

（6）选中第 1 帧,使用工具箱中的选择工具 ，将舞台中的图形实例移至舞台的下方,效果如图 8.2.4 所示。

 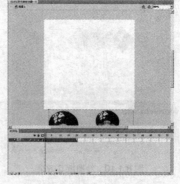

　　　　图 8.2.3　创建补间动画效果　　　　　　　图 8.2.4　第 1 帧中的对象

（7）选中第 5 帧,使用工具箱中的任意变形工具 调整图形实例的大小及位置,效果如图 8.2.5 所示。

（8）选中第 10 帧中的对象,对其进行移动和变形,效果如图 8.2.6 所示。

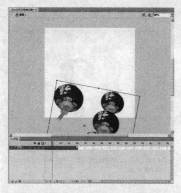

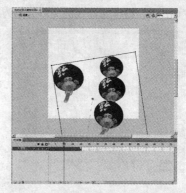

图 8.2.5　第 5 帧中的对象　　　　　　　　图 8.2.6　第 10 帧中的对象

（9）选中第 15 帧中的对象，将其移动一定的距离，并对其进行旋转，效果如图 8.2.7 所示。

（10）使用工具箱中的选择工具 将生成的路径调整为弧线，再使用部分选取工具 ，在舞台中调整路径上每个点的位置，效果如图 8.2.8 所示。

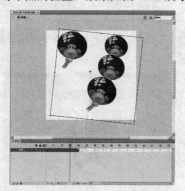

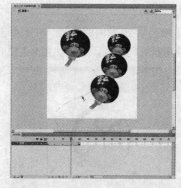

图 8.2.7　第 15 帧中的对象　　　　　　　图 8.2.8　调整路径上每个点的位置

（11）按"Ctrl+Enter"键测试动画效果。

注意： 构成自动记录关键帧的补间动画的对象必须是元件。

8.2.2　形状补间动画

形状补间动画的工作原理是由用户制作好的两个关键帧，Flash 通过计算生成中间各帧，从而使动画从一个关键帧自然地过渡到另一个关键帧。形状补间动画不可以直接作用于群组、实例、文本和位图等对象上，若要使用它们制作形状补间动画，必须按"Ctrl+B"键将其打散。此时，用鼠标单击被彻底打散的对象，其表面将被网格所覆盖。

1. 形状补间动画的制作方法

通过创建形状补间动画，可以制作变形效果。舞台中的对象刚开始以一种形状出现，随着时间的推移，该对象的形状将逐渐变成另外一种形状，由此来产生形状的变形效果，且一对一的形状补间可以产生最佳的变形效果。其具体操作方法如下：

（1）启动 Flash CS5 应用程序，新建一个 Flash 文档。

（2）单击工具箱中的"文本工具"按钮 ，在属性栏中设置好字体和字号后，在舞台中输入文本"？"，效果如图 8.2.9 所示。

（3）按"Ctrl+B"键，将输入的文本分离为图形，并对其进行填充，效果如图 8.2.10 所示。

　　　图 8.2.9　输入文本　　　　　　　　　　　图 8.2.10　分离并填充文本

（4）选中第 20 帧，按"F6"键插入关键帧。

（5）删除第 20 帧上的文本，然后使用工具箱中的绘图工具在舞台中绘制一个禁止吸烟的标志，效果如图 8.2.11 所示。

（6）在第 1 帧至第 20 帧间的任意一帧上单击鼠标右键，从弹出的快捷菜单中选择命令，创建一段形状补间动画，效果如图 8.2.12 所示。

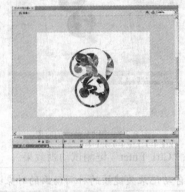

　　　图 8.2.11　绘制图形　　　　　　　　　图 8.2.12　创建形状补间动画效果

（7）至此，该动画已制作完成，按"Ctrl+Enter"键，即可预览动画效果。

2．使用形状提示

如果要创建复杂的形状变化，可以使用形状提示。形状提示是由实心小圆圈和中间的英文字母组成的，用于识别起始形状和结束形状中相对应的点，最多可以使用有 a 至 z 26 个形状提示。使用形状提示的的具体操作方法如下：

（1）打开一个形状补间动画，选择该动画中的第 1 个关键帧。

（2）在菜单栏中选择 修改(M) → 形状(P) → 添加形状提示(A) 命令。此时，舞台中将出现一个红色的圆圈，如图 8.2.13 所示，该圆圈即为变形参考点。

（3）当用户将鼠标指针移至该圆圈上，指针会变为 形状。此时，单击并拖动鼠标，即可将该圆圈移至合适位置，如图 8.2.14 所示。

（4）选择该动画中的最后一个关键帧，此时，可以看到该帧中的图形上也有一个红色的圆圈，该圆圈中的字母也是 a，如图 8.2.15 所示。

图 8.2.13 添加形状提示   图 8.2.14 移动形状提示的位置

（5）重复步骤（3）的操作，将该形状提示移至合适的位置。此时，该圆圈将会变成绿色，效果如图 8.2.16 所示。

图 8.2.15 显示最后一个关键帧中的形状提示   图 8.2.16 移动形状提示的位置

（6）单击选中第 1 个关键帧，此时，该帧上的形状提示已变为黄色，如图 8.2.17 所示。

（7）重复步骤（2）的操作，在图形中添加其他形状提示，如图 8.2.18 所示。

图 8.2.17 形状提示变为黄色   图 8.2.18 添加其他形状提示

（8）重复步骤（3）的操作，调整各变形点的位置，效果如图 8.2.19 所示。

第 1 帧   第 20 帧

图 8.2.19 调整形状提示的位置

（9）至此，该动画的形状提示已添加完成，按 "Ctrl+Enter" 键，即可预览动画效果。

用户可在添加形状提示后查看该点，也可以将不需要的形状提示删除，具体操作步骤如下：

（1）在菜单栏中选择 视图(V) → 显示形状提示(A) 命令，可查看形状提示。

（2）单击选中形状提示后，将该形状提示符号拖出舞台可直接将其删除。

（3）在菜单栏中选择 修改(M) → 形状(P) → 删除所有提示(M) 命令，可将所有的形状提示删除。

8.2.3　传统补间动画

传统补间动画是制作 Flash 动画过程中使用最为频繁的一种动画类型。在 Flash 动画的制作过程中，常需要制作图片的若隐若现、移动、缩放和旋转等特效，这主要是通过传统补间动画来实现的。传统补间动画的原理是在一个关键帧上放置一个元件实例，然后在另一个关键帧上改变这个元件实例的大小、颜色、位置等，Flash 就是在两个关键帧之间建立一种运动补间关系。其具体操作方法如下：

（1）启动 Flash CS5 应用程序，新建一个 Flash 文档。

（2）按"Ctrl+R"键导入一幅背景图片，然后在第 20 帧处插入普通帧，效果如图 8.2.20 所示。

（3）单击时间轴面板中的"新建图层"按钮 ，新建图层 2。

（4）导入一幅亭子图片，然后按"F8"键将其转换为图形元件，如图 8.2.21 所示。

图 8.2.20　导入背景图片　　　　　　　　图 8.2.21　将亭子图片转换为图形元件

（5）选中图层 2 中的第 20 帧，按"F6"键将普通帧转换为关键帧。

（6）选中图层 2 中的第 1 帧，使用工具箱中的任意变形工具 调整元件实例的大小，并将其 Alpha 值设置为"20%"，效果如图 8.2.22 所示。

（7）选中图层 1 中的第 1 帧至第 20 帧间的任意一帧，单击鼠标右键，从弹出的快捷菜单中选择 创建传统补间 命令，创建一段变换动画，效果如图 8.2.23 所示。

图 8.2.22　缩小并更改实例的不透明度　　　　图 8.2.23　创建传统补间动画效果

（8）至此，该传统补间动画已制作完成，按"Ctrl+Enter"键即可预览动画效果。

提示： 构成传统补间动画的元素是元件（影片剪辑元件、图形元件以及按钮元件等），除了元件，其他元素包括矢量图、位图以及文本等都不能制作传统补间动画。若要利用它们，必须将其转换为元件。如果开始帧和结束帧之间是虚线，说明补间没有成功，主要原因可能是在开始帧和结束帧上有一个以上的元件或者分离的对象。

8.2.4 补间动画的参数设置

定义了补间动画后，在其属性面板中可以进一步设置相应的参数，以使动画的效果更加丰富，如图 8.2.24 所示。

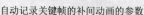
自动记录关键帧的补间动画的参数

形状补间动画的参数

传统补间动画的参数

图 8.2.24 设置动画的属性面板参数

1．"缓动"选项

使用 缓动: 选项可以控制对象的变化速度。在该文本框中输入 −1～−100 之间的负值，可使动画运动的速度从慢到快，朝运动结束的方向加速度补间；在该文本框中输入 1～100 之间的正值，可使动画运动速度从快到慢，朝运动结束的方向减速度补间；默认情况下，补间帧之间的变化速率是不变的，即该值为"0"。

在传统补间动画的参数中单击 缓动: 选项右侧的"编辑缓动"按钮 ，可以弹出"自定义缓入/缓出"对话框，如图 8.2.25 所示。利用此功能可以制作出更加丰富的动画效果。

2．"方向"选项

单击 方向: 选项右侧的 无 按钮，弹出其下拉列表，如图 8.2.26 所示。该列表包含 3 个选项，分别为无、顺时针和逆时针，选择"无"选项，表示不旋转；选择"顺时针"选项，表示按顺时针方向进行旋转；选择"逆时针"选项，表示按逆时针方向进行旋转。

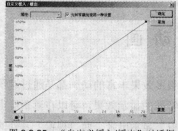
图 8.2.25 "自定义缓入/缓出"对话框

图 8.2.26 "方向"下拉列表

3.“旋转”选项

使用 旋转: 选项可以设置对象在运动的同时旋转的次数。在传统补间动画参数的 旋转: 下拉列表中包括 4 个选项（见图 8.2.27），分别为无、自动、顺时针和逆时针。其中，选择 无 选项，可禁止元件旋转；选择 自动 选项，可使元件在需要最小动作的方向上旋转对象一次；选择 顺时针 选项或 逆时针 选项，并在后面文本框中输入数值，可使元件在运动时顺时针或逆时针旋转相应的圈数。

4.“混合”选项

使用 混合: 选项可以设置变形过程中的混合模式。单击该选项右侧的 分布式 ▼ 按钮，弹出如图 8.2.28 所示的下拉列表。

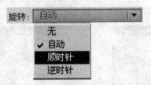

图 8.2.27　“旋转”下拉列表　　　　图 8.2.28　“混合”下拉列表

（1） 分布式 ：在该模式下创建形状补间动画时，中间形状较平滑且不规则。

（2） 角形 ：在该模式下创建形状补间动画时，中间形状将保留原始形状的角度和线条。该模式适用于原始形状中有尖角和直线的图形。

5.“缩放”选项

在制作补间动画时，如果在终点关键帧上更改了动画对象的大小，那么 ☑缩放 选项将影响动画的效果。如果选中此选项，就可以将大小变化的动画效果补出来。也就是说，可以看到动画对象从大逐渐变小（或者从小逐渐变大）的效果；如果未选中此选项，那么大小变化的动画效果就补不出来。默认情况下，☑缩放 选项自动被选中。

6.“调整到路径”选项

使用 ☑调整到路径 选项可以将补间对象的基线调整到运动路径，此选项主要用于引导路径动画。在定义引导路径动画时，选中此选项，可以使动画对象根据路径进行调整，使动画更逼真。

7.“同步”选项

使用 ☑同步 选项可以使图形元件实例的动画和主时间轴同步。

8.“贴紧”选项

使用 ☑贴紧 选项可以根据其注册点将补间对象附加到运动路径，此选项功能主要也用于引导路径运动。

8.3　遮罩动画

遮罩动画是 Flash CS5 中一个很重要的动画类型，很多效果丰富的动画都是通过遮罩动画来完成的。在 Flash 的图层中有一个遮罩图层类型，为了得到特殊的显示效果，可以在遮罩层上创建一个任意形状的“视窗”，遮罩层下方的对象可以通过该“视窗”显示出来，而“视窗”之外的对象将不会显示。

在 Flash 动画中遮罩主要有两种用途，一种是用于整个场景或一个特定区域，使场景外的对象或特定区域外的对象不可见；另一种是用于遮罩住某一个元件的一部分，从而实现一些特殊效果。遮罩层中的对象在播放时是看不到的，遮罩层中的对象可以是按钮、影片剪辑、图形、位图以及文字等，但不能使用线条，如果一定要用线条，可以将线条转化为"填充"。被遮罩层中的对象只能透过遮罩层中的对象被看到，被遮罩层中的对象可以是按钮、影片剪辑、图形、位图、文字以及线条。遮罩动画的具体制作方法如下：

（1）启动 Flash CS5 应用程序，新建一个 Flash 文档。

（2）将图层 1 重命名为背景图层，然后按"Ctrl+R"键导入一幅水波图片，效果如图 8.3.1 所示。

（3）选中图层 1 中的第 30 帧，按"F5"键插入帧。

（4）单击时间轴面板底部的"插入图层"按钮，新建图层 2，并将其重命名为"水纹"。

（5）按住"Alt"键将背景图层中的第 1 帧复制到水纹图层的第 1 帧上，并将复制的背景图层向上移动一定的距离，效果如图 8.3.2 所示。

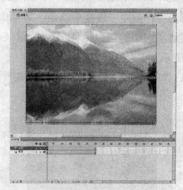

图 8.3.1　导入背景图片　　　　　　　图 8.3.2　复制并移动背景图层

（6）按"Ctrl+F8"键，弹出"创建新元件"对话框，设置其对话框参数如图 8.3.3 所示。设置好参数后，单击　确定　按钮进入其编辑窗口。

（7）使用工具箱中的矩形工具和橡皮擦工具在舞台中绘制如图 8.3.4 所示的涟漪图形。

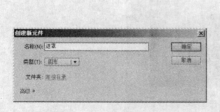

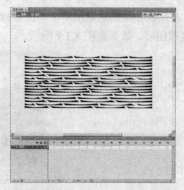

图 8.3.3　"创建新元件"对话框　　　　　图 8.3.4　绘制涟漪图形

（8）单击图标，返回场景 1，然后新建一个名称为"遮罩"的图层。

（9）选择菜单栏中的　窗口(W)　→　库(L)　命令，打开如图 8.3.5 所示的库面板。

（10）选中遮罩图层中的第 1 帧，从库面板中将"遮罩"元件拖曳到舞台中，并使用工具箱中的

任意变形工具 调整 "遮罩" 实例的大小及位置，效果如图 8.3.6 所示。

图 8.3.5　库面板　　　　　　　　　图 8.3.6　拖入 "遮罩" 元件到舞台中

　　（11）在遮罩图层的第 15 帧处插入关键帧，并使用任意变形工具 调整 "遮罩" 实例的大小及位置，然后在遮罩图层的第 1 帧至第 15 帧间的任意一帧上单击鼠标右键，从弹出的快捷菜单中选择 创建传统补间 命令，创建一段变形动画，效果如图 8.3.7 所示。

　　（12）将遮罩图层的第 30 帧转换为关键帧，然后重复步骤（9）的操作，创建一段变形动画，效果如图 8.3.8 所示。

图 8.3.7　第一次水波涟漪效果　　　　　图 8.3.8　第 2 次水波涟漪效果

　　（13）在层操作区的遮罩图层上单击鼠标右键，从弹出的快捷菜单中选择 遮罩层 命令，将普通层转换为遮罩图层，效果如图 8.3.9 所示。

图 8.3.9　创建遮罩动画效果

　　（14）至此，该遮罩动画已制作完成，按 "Ctrl+Enter" 键即可预览动画效果。

8.4 引导线动画

Flash CS5 提供了一种简便方法来实现对象沿着复制路径移动的效果，这就是引导层，带有引导层的动画又叫引导线动画。使用引导线动画可以实现如树叶飘落、小鸟飞翔、蝴蝶飞舞、星体运动以及激光写字效果的制作。

引导线动画由引导层和被引导层组成，引导层用于放置对象运动的路径，被引导层用于放置运动的对象，制作引导线的过程实际就是对引导层和被引导层编辑的过程。引导线动画的具体制作方法介绍如下：

（1）启动 Flash CS5 应用程序，新建一个 Flash 文档。

（2）按"Ctrl+R"键，导入一幅背景图片，效果如图 8.4.1 所示。

（3）按"Ctrl+F8"键，新建一个名称为"蜡烛"的图形元件，然后在其编辑区中绘制一个蜡烛图形，效果 8.4.2 所示。

图 8.4.1 导入背景图片

图 8.4.2 绘制蜡烛

（4）单击 ![场景1] 按钮返回主场景，然后选中图层 1 中的第 30 帧，按"F5"键插入关键帧。

（5）新建图层 2，从库面板中将"蜡烛"元件拖入舞台中，并调整其大小，效果如图 8.4.3 所示。

（6）在层操作区中的图层 2 上单击鼠标右键，从弹出的快捷菜单中选择 ![添加传统运动引导层] 命令，在图层 2 上方创建一个引导层，图层 2 将自动变为被引导层。

（7）将引导层作为当前图层，然后单击工具箱中的"椭圆工具"按钮 ![○]，在舞台中绘制一个笔触颜色为"黄色"的椭圆线框，效果如图 8.4.4 所示。

图 8.4.3 拖入"蜡烛"元件到舞台中

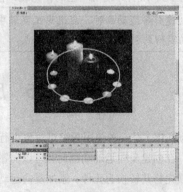

图 8.4.4 绘制的椭圆线框

（8）单击工具箱中的"橡皮擦工具"按钮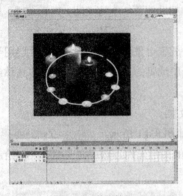，在绘制的椭圆线框中擦出一个缺口，效果如图8.4.5 所示。

（9）选中图层 2 中的第 1 帧，将"蜡烛"实例的中心点移至椭圆线框的左缺口处作为起始点，效果如图 8.4.6 所示。

图 8.4.5　擦出缺口　　　　　　　　　　图 8.4.6　将实例拖入起始点

（10）将第 30 帧转换为关键帧，然后将"蜡烛"实例的中心点移至椭圆线框的右缺口处作为终点，效果如图 8.4.7 所示。

（11）在图层 2 中的第 1 帧至第 30 帧间的任意一帧上单击鼠标右键，从弹出的快捷菜单中选择 创建传统补间 命令，创建一段运动补间动画，效果如图 8.4.8 所示。

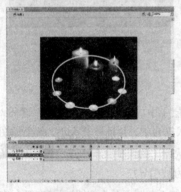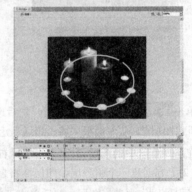

图 8.4.7　将实例拖入结束点　　　　　　　图 8.4.8　创建运动补间动画

（12）至此，该引导线动画已制作完成，按"Ctrl+Enter"键即可预览动画效果。

提示： 在创建引导线动画时，应选中工具箱中的"贴紧至对象"按钮，以方便将对象的中心点自动吸附到引导线的起始点和终点。

8.5　反向运动动画

反向运动（IK）是一种使用骨骼对对象进行动画处理的方式，这些骨骼按父子关系链接成线性或枝状的骨架。在创建反向运动动画时，可以向影片剪辑、图形和按钮实例添加反向运动骨骼，若要使用文本，必须先将其转换为元件。添加反向运动骨骼后，在一个骨骼移动时，与启动运动的骨骼相关的其他连接骨骼也会移动，使用反向运动进行动画处理时，只须指定对象的开始位置和结束位置即可。

　　在 Flash CS5 中，创建反向运动动画的方式与创建其他动画的方式不同。对于骨架，只需向骨架图层中添加帧并在舞台上重新定位骨架即可创建关键帧。骨架图层中的关键帧称为姿势，每个姿势图层都自动充当补间图层。要在时间轴中对骨架进行动画处理，可以使用鼠标右键单击骨架图层中要插入姿势的帧，然后在弹出的快捷菜单中选择 **插入姿势** 命令插入姿势，并使用选择的骨架更改骨架的配置。Flash 会自动在时间轴中更改动画的长度，直接拖曳骨骼图层中末尾的姿势即可。下面以制作小猫拍球为例来讲解反向运动动画的制作方法。

　　（1）启动 Flash CS5 应用程序，新建一个 Flash 文档。

　　（2）使用工具箱中的绘图工具在舞台中绘制一个小猫图形，效果如图 8.5.1 所示。

　　（3）分别选中小猫的头、身体以及四肢，然后按 "F8" 键将其转换为图形元件，效果如图 8.5.2 所示。

　　　　图 8.5.1　绘制小猫图形　　　　　　　　　　　　　图 8.5.2　将图形转换为元件

　　（4）单击工具箱中的 "任意变形工具" 按钮 ，调整舞台中各实例的中心点位置，效果如图 8.5.3 所示。

　　（5）单击工具箱中的 "骨骼工具" 按钮 ，选择小猫身体的中心点向上移动，此时，在时间轴面板中出现 "骨架" 图层，如图 8.5.4 所示。

　　　　图 8.5.3　调整中心点位置　　　　　　　　　　　　图 8.5.4　创建 "骨架" 图层

　　（6）使用骨骼工具 连接小猫身体的其他部位，当连接好全部骨骼后，图层 1 中的关键帧已变为空白关键帧，即图形全部被转移到 "骨架" 图层中，如图 8.5.5 所示。

　　（7）单击工具箱中的 "选择工具" 按钮 ，在舞台中对连接好的部位进行移动，在移动的过程中，可以使用任意变形工具 重新调整中心点的位置，此时连接的骨骼也会自动进行位置的调整，效果如图 8.5.6 所示。

图 8.5.5　连接小猫的其他部位　　　　　　　图 8.5.6　移动并调整中心点位置

（8）选中"骨骼"图层中的第 30 帧，按"F5"键插入帧，如图 8.5.7 所示。

（9）选中"骨骼"图层中的第 10 帧，重复步骤（7）的操作，调整骨骼的位置，效果如图 8.5.8 所示。

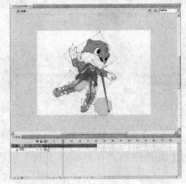

图 8.5.7　延长动画　　　　　　　　　图 8.5.8　第 10 帧中的姿势

（10）分别选中第 20 帧和第 30 帧，重复步骤（7）的操作，在各帧上创建不同的姿势，效果如图 8.5.9 所示。

第 20 帧　　　　　　　　　　　　　　第 30 帧

图 8.5.9　创建不同的姿势效果

（11）至此，反向运动动画已制作完成，按"Ctrl+Enter"键即可预览动画效果。

提示： Flash CS5 包括两个用于处理反向运动的工具，使用骨骼工具 可以向元件实例和形状添加骨骼；使用绑定工具 可以调整形状对象的各个骨骼和控制点之间的关系。

本 章 小 结

　　本章主要介绍了 Flash 动画的制作方法，包括逐帧动画、补间动画、遮罩动画、引导线动画以及反向运动动画等内容。通过本章的学习，读者应该熟练掌握各种动画的原理及制作方法与技巧，并能制作出精彩的 Flash 动画。

习　题　八

一、填空题

　　1. 逐帧动画是一种常见的动画形式，其原理是在_____中分解动画动作。

　　2. _____是一个帮助定位和编辑动画的辅助功能，这个功能对制作逐帧动画特别有用。

　　3. 在 Flash 中，可以创建两种类型的引导层，一种是_____；另一种是_____。

　　4. _____引导层在动画中起着辅助静态定位的作用。

　　5. 在创建反向运动动画时，可以向_____、_____和_____实例添加反向运动骨骼，若要使用文本，必须先将其转换为_____。

二、选择题

　　1. 在 Flash CS5 中，传统补间动画的表达方式是（　　）。

　　　　（A）　　　　　　　　　　　　　（B）

　　　　（C）　　　　　　　　　　　　　（D）

　　2. 若要使用群组、文本和位图等对象制作（　　）动画，首先必须将它们转换为元件。

　　　　（A）形状补间　　　　　　　　　　（B）逐帧

　　　　（C）引导　　　　　　　　　　　　（D）遮罩

　　3. 在 Flash 中利用（　　）动画可以制作放大镜、望远镜、万花筒以及水波等动画效果。

　　　　（A）引导　　　　　　　　　　　　（B）传统补间

　　　　（C）形状补间　　　　　　　　　　（D）遮罩

　　4. 在 Flash CS5 中制作形状补间动画时，如果要创建复杂的形状变化，可以使用（　　）。

　　　　（A）形状提示　　　　　　　　　　（B）任意变形工具

　　　　（C）元件　　　　　　　　　　　　（D）多角星形工具

三、简答题

　　1. 简述绘图纸的作用。

　　2. 如何设置补间动画的参数。

　　3. 简述遮罩动画和引导线动画的工作原理及作用。

四、上机操作题

　　1. 制作一个蝴蝶飞舞的引导线动画。

　　2. 制作一个小狗奔跑的反向运动动画。

　　3. 利用本章所学的知识，制作一个电子相册。

第 9 章 ActionScript 和组件的应用

ActionScript 是 Flash 的动作脚本语言，使用它可以在动画中添加交互性动作，从而很轻松地制作出绚丽的 Flash 特效。通过使用 Flash 组件，Flash 设计者可以方便地重复使用和共享代码，不需要编写 ActionScript 也可以方便地实现各种动态网站和应用程序中常见的交互功能。

教学目标

（1）ActionScript 简介。
（2）ActionScript 编程语言的基础。
（3）组件的应用。

9.1 ActionScript 简介

ActionScript 是 Flash 中不可缺少的重要组成部分之一，它由一些动作、运算符、对象等元素组成，可以对影片进行设置，在单击按钮或按下键盘键时触发脚本动作。

9.1.1 ActionScript 的概念

ActionScript 即动作脚本语言，简称 AS 语言，它是通过在动画的关键帧、按钮和影片剪辑实例上添加脚本语句，来控制动画中的对象，实现交互。简单的脚本语言可以实现场景的跳转、动态载入 SWF 文件等操作，高级的脚本语言可以实现复杂的交互性动画、游戏等，并且这些脚本语言会与 Flash 后台数据库进行交流，结合庞大的数据库系统和脚本语言，制作出交互性强、动画效果绚丽的 Flash 影片。

在第 8 章的 Flash 动画的制作中，制作的动画都是简单动画，都是按顺序播放动画中的场景和帧，而在交互动画中，用户可以使用键盘或鼠标与动画交互。例如，可以单击动画中的按钮，然后跳转到动画中的不同部分开始播放；可以拖动动画中的对象；可以在表单中输入信息等。使用动作脚本可以控制 Flash 动画中的元素，扩展 Flash 创作交互动画和网络应用的能力。

9.1.2 ActionScript 的特点

在 Flash CS5 中，ActionScript 具有以下特点：

（1）在制作交互式动画的过程中，ActionScript 根据自身的特点和语法规则，使用专门的术语，具体在后面进行介绍。

（2）动作脚本遵行逻辑顺序执行。Flash CS5 执行动作脚本语句，从第一句开始，然后按顺序执行，直至到达最后的语句或指令跳转到其他位置的语句。其中，把动作脚本送到某个位置而不是下一条语句的动作有 if, for, while, do…while, return, gotoAndPlay 和 gotoAndStop 动作。

9.1.3　ActionScript 的开发环境

要使用动作脚本编程就要打开动作面板，它是 Flash CS5 提供的专门用来编写脚本，即 ActionScript 程序的开发环境。选择菜单栏中的 窗口(W) → 动作(A) 命令，或按 "F9" 键即可打开动作面板，如图 9.1.1 所示。动作面板分为 4 个区域，分别为 "脚本窗口" "面板菜单" "动作工具箱" 和 "脚本导航器"。

图 9.1.1　动作面板

在动作面板中，"脚本窗口" 是编辑代码的区域；"动作工具箱" 提供一个树状列表，涵盖了所有程序语言元素；"脚本导航器" 是一个脚本导航工具，其中罗列了所有含有代码的帧，可以通过单击其中的项目，使包含在相应帧中的代码在右侧的脚本窗口中显示；"面板菜单" 包含适用于动作面板的所有命令和首选参数。

在脚本窗口的上方有一排功能按钮，这些按钮用于插入代码、语法检查、调试以及显示代码片段面板等功能，如图 9.1.2 所示。

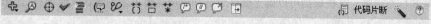

图 9.1.2　脚本窗口中的功能按钮

脚本窗口中各功能按钮的含义介绍如下：

（1）：将新项目添加到脚本按钮中，该按钮主要用于显示语言元素，这些元素同时也会显示在动作工具箱中。可以利用它来选择要添加到脚本中的项目或者元素名称。

（2）：查找按钮，主要用于查找并替换脚本中的文本。

（3）：插入目标路径按钮（仅限动作面板），可以帮助为脚本中的某个动作设置绝对或相对目标路径。

（4）：语法检查按钮，用于检查当前脚本中的语法错误。

（5）：自动套用格式按钮，用来调整脚本的格式，以实现正确的编码语法和更好的可读性。

（6）：显示代码提示按钮：用于在关闭了自动代码提示时，可使用此按钮来显示正在处理的代码行的代码提示。

（7）：调试选项按钮（仅限动作面板），用于设置和删除断点，以便在调试时可以逐行执行脚本中的每一行。

（8）：折叠成对大括号按钮，用于对出现在当前包含插入点的成对大括号或小括号间的代码进行折叠。

（9）：折叠所选按钮：用于折叠当前所选的代码块。

（10）：展开全部按钮：用于展开当前脚本中所有折叠的代码。

（11）：应用块注释按钮，用于将注释标记添加到所选代码块的开头和结尾。

（12）：应用行注释按钮，用于在插入点处或所选多行代码中每一行的开头处添加单行注释标记。

（13）：删除注释按钮，用于从当前行或当前选择内容的所有行中删除注释标记。

（14）：显示/隐藏工具箱按钮，用于显示或隐藏动作工具箱。

（15）：代码片段按钮，用于打开"代码片段"面板。通过此功能用户可以将一些预先设计好的代码片段快速应用到正在编辑的文档中或影片剪辑上，这对于那些不是很熟悉 ActionScript 的传统设计人员或者想学习 ActionScript 的新手都很有帮助。

（16）：脚本助手按钮（仅限动作面板），用于打开和关闭"脚本助手"模式。

（17）：帮助按钮，用于显示脚本窗口中所选 ActionScript 元素的参考信息。

9.2　ActionScript 编程语言的基础

ActionScript 是面向对象的脚本程序语言，它提供了完整的语法规则、丰富的数据类型、运算符、函数以及循环语句等，它们是编程语言的基础。在进行 ActionScript 编程前，了解这些编程基础是十分必要的。

9.2.1　ActionScript 的语法规则

任何一门编程语言在编写代码时都必须遵循一定的规则，这个规则就是语法。ActionScript 语法是 ActionScript 编程中最重要的环节之一，相对于其他的一些专业程序语言来说，ActionScript 动作脚本具有语法和标点规则，这些规则可以确定哪些字符和单词能够用来创建含义即编写它们的顺序。

1. 点语法

在 ActionScript 中，点（.）用于指明与某个对象或电影剪辑相关的属性或方法，也可用于标识影片剪辑、变量、函数或对象的目标路径。点语法表达式是以对象或影片剪辑的名称开始，后跟一个点，最后是要指定的属性、方法或变量。例如，表达式"Class._x"是指影片剪辑实例 Class 的_x（指示影片剪辑的 x 轴位置）属性。

点语法还使用特殊的别名：_root 和_parent。_root 是指主时间轴，使用_root 创建一个绝对路径。例如，_root.MyMC.play();使用别名_parent 引用当前对象嵌入到的影片剪辑，也可用_parent 创建一个相对目标路径。

2. 标点符号的使用

在 Flash 中有多种标点符号都很常用，分别为分号";"、逗号","、冒号":"、小括号"()"、中括号"[]"和大括号"{}"。这些标点符号在 Flash 中都有各自不同的作用，可以帮助定义数据类型，终止语句或者构建 ActionScript 代码块。

（1）分号";"：ActionScript 语句用分号(;)字符表示语句结束。

（2）逗号","：逗号的作用主要用于分割参数，比如函数的参数，方法的参数等。

（3）冒号"："：冒号主要用于为变量指定数据类型。要为一个变量指明数据类型，需要使用 var 关键字和后冒号法为其指定。

（4）小括号"()"：小括号"()"是表达式中的一个符号，具有运算符的最优先级别。当用户定义一个函数时，要把相关参数放在小括号中；在调用函数时，要将传递给该函数的所有参数都包含在小括号中。

（5）中括号"[]"：中括号主要用于数组的定义和访问。

（6）大括号"{}"：大括号主要用于编程语言程序控制、函数和类中。在构成控制结构的每个语句前后添加大括号（例如 if…else 或 for），即使该控制结构只包含一个语句。

3．注释

使用注释是程序开发人员的一个良好习惯。注释在编写脚本程序时具有举足轻重的作用，它可以增强代码的可读性，也为以后修改程序带来方便。注释是使用一些简单易懂的语言对代码进行简单的解释的方法。注释语句在编译过程中并不会进行求值运算。可以用注释来描述代码的作用或者返回到文档中的数据；也可以帮助记忆编程的原理，并有助于其他人的阅读。若代码中有些内容阅读起来含义不明显，应该对其添加注释。

ActionScript 3.0 中注释的标记有/*和//两种，使用/*标记的注释可以创建多行注释，//标记的注释只能创建单行注释和尾随注释。

提示： 在 ActionScript 动作脚本窗口中，注释内容以灰色显示，其长度不受限制，也不会参与脚本的执行。

4．关键字和保留字

在 ActionScript 3.0 中，不能使用关键字和保留字作为标识符，即不能使用这些关键字和保留字作为变量名、方法名、类名等。

"保留字"只能由 ActionScript 3.0 使用，不能在代码中将它们用做标识符，保留字包括"关键字"。如果将关键字用做标识符，则编译器会报告一个错误。如表 9.1 所示列出了 ActionScript 3.0 关键字。

表 9.1　ActionScript 3.0 关键字

关键字	关键字	关键字	关键字
as	break	case	catch
class	const	continue	default
delete	do	else	extends
false	finally	for	function
if	implements	import	in
instanceof	interface	internal	is
native	new	null	package
private	protected	public	Return
super	switch	this	Throw
to	true	try	Typeof
use	var	void	While
with			

5．大小写字母

在 ActionScript 3.0 中，需要区分大小写字母，如果关键字的大小写不正确，则关键字无法在执行时被 Flash CS5 识别；如果变量的大小写不同，就会被视为是不同的变量。

9.2.2 数据类型

数据类型是描述变量或动作脚本元素可以包含的信息的种类。在 Flash CS5 的 ActionScript 中有两种数据类型：基本数据类型（Primitive）和指定数据类型（Reference）。基本数据类型有一个常数值，因此可以存储它们所代表的元素的实际值；指定数据类型拥有可以改变的值，因此包含了对该元素的实际值的引用。存储原始数据类型数据的变量的行为在某些情况下与存储引用数据类型数据的变量不同。

在 Flash CS5 中，每一种数据类型都有自己的规则。一般来说，基本数据类型的处理速度通常比指定数据类型的处理速度要快。

1．基本数据类型

基本数据类型主要包括字符串、数值型和布尔型等，下面对其进行具体介绍。

（1）字符串（String）：字符串是由数字、字母和和标点符号组成的字符序列。在动作脚本中输入字符串时，需要将其放在单引号或双引号中。例如，以下代码中的 Qingdao 就是一个字符串。

firstname="Qingdao";

用户可以使用"+"操作符连接两个字符串，在连接时，ActionScript 会精确地保留字符串两端的空格。例如，以下代码在执行后的结果为字符串变量 greeting 的值是："Welcome to Qingdao"。

firstname="Qingdao";

greeting="Welcome to"+firstname;

要在字符串中包含引号，可以在其前面加一个反斜杠 "\" 将字符转义。在 ActionScript 中，还有一些字符需要通过转义序列来表示，如表 9.2 所示。

表 9.2　转义字符及相应序列

转义字符	转义序列
退格符	\b
换页符	\f
换行符	\n
回车符	\r
制表符	\t
双引号	\"
单引号	\'
反斜杠	\\
以八进制指定的字节	\000～\377
以十六进制指定的字节	\x00～\xFF
以十六进制指定的 16 位 Unicode 字符	\u0000～\uFFFF

（2）数值型：数据类型中的数值型数据都是双精度浮点数，用户可以使用算术运算符加（+）、减（-）、乘（*）、除（\）、取模（%）、自增（++）、自减（--）处理数值，也可以使用内置的数学对象 Math 和 Number 类的方法来处理数值。例如，Math.sqrt(64);指使用 sqrt()（平方根）方法返回数字 64 的平方根。

（3）布尔型：布尔型数值只有两个值 true（真）和 false（假）。在需要时，动作脚本也可把 true 和 false 转换成 1 和 0。布尔值最常用的方法是与逻辑运算符号结合使用，用于进行比较和控制一个程序脚本的流向。例如，在下面例子中，当变量 i 和 j 的值都为 true 时，转到第 20 帧开始播放：

```
if ( (i= =true)&& (j= =false)) {
gotoAndPlay(20);
}
```

2．指定数据类型

指定数据类型主要包括对象和影片剪辑，下面对其进行具体介绍。

（1）对象（Object）：对象是属性（Property）的集合。每个属性都有名称和值，属性值可以是任何的 Flash 数据类型，甚至可以是对象数据类型，可以使对象相互包含（即嵌套）。要指定对象及其属性，可以使用点运算符。例如，以下代码中 book 是 desk 的属性，而 desk 又是 house 的属性。

```
house.desk.book;
```

此外，可以使用内置对象来处理和访问特定种类的信息。例如，Math 对象具有一些方法，这些方法可以对传递给它们的数值执行数学运算。例如：

```
squareRoot=Math.sqrt(81);
```

动作脚本中 MovieClip 对象具有一些方法，用户可以使用这些方法控制舞台上的影片剪辑实例。例如使用 play( )和 nextFrame( )方法：

```
mc1InstanceName.play( );
mc2InstanceName.nextFrame( );
```

（2）影片剪辑（MovieClip）：影片剪辑是 Flash 应用程序中可以播放动画的元件，是唯一引用图形元素的数据类型。影片剪辑类型允许使用影片剪辑类的方法控制影片剪辑元件。可以使用点运算符调用这些方法，如下所示。

```
my_MC.play( );
my_MC.nextFrame( );
```

此外，在 Flash CS5 中还包含两种特殊的数据类型：空值（Null）和未定义（Undefined），下面对其进行介绍。

（1）空值（Null）：空值数据类型只有一个 null 值，此值意味"没有值"，即缺少数据。null 值可以用在各种情况中。

（2）未定义（Undefined）：未定义的数据类型有一个值，即 undefined，用于尚未分配值的变量。

9.2.3　常量和变量

常量和变量都是为了储存数据而创建的。常量和变量就像是一个容器，用于容纳各种不同类型的数据。当然对变量进行操作，变量的数据就会发生改变，而常量则不会。

1．常量

常量是指具有无法改变的固定值的属性。ActionScript 3.0 新加入 const 关键字用来创建常量，在创建常量的同时，需为常量进行赋值。常量创建的格式如下：

```
const 常量名:数据类型=常量值
```

下面的例子定义常量后，在方法中使用常量。

```
public const i:Number=3.1415926;      //定义常量
```

```
public function myWay()
{
trace(i);                    //输出常量
```

2. 变量

变量主要用来保存数据。变量在程序中起着十分重要的作用，例如，存储数据、传递数据、比较数据、简练代码、提高模块化程度和增加可移植性等。

（1）声明变量。在使用变量时首先要声明变量，声明变量时，可以为变量赋值，也可等到使用变量时再为变量赋值。在 ActionScript 3.0 中，使用 var 关键字来声明变量，其格式如下：

var 变量名:数据类型;

var 变量名:数据类型=值;

变量名加冒号加数据类型就是声明变量的基本格式。要声明一个初始值，需要加上一个等号并在其后输入响应的值，但值的类型必须要和前面的数据类型一致。例如：

year+"年"+month+day+"日"

hour+":"+minutes+":"+seconds

（2）变量的命名规则。变量的命名既是任意的，又是有规则，有目的的。变量的命名首先要遵循以下规则：

1）变量名必须是一个标识符。它的第一个字符必须是字母、下画线或美元记号，其后的字符必须是字母、数字、下画线或美元记号。不能使用数字作为变量名称的第一个字母。

2）变量名不能是关键字或动作脚本文本，例如 true，false，null 或 undefined。特别不能使用 ActionScript 的保留字，否则编译器会报错。

3）变量名在其范围内必须是唯一的，不能重复定义变量。

（3）变量的作用域。变量的作用域指可以使用或者引用该变量的范围，通常变量按照其作用域的不同可以分为全局变量和局部变量。全局变量指在函数或者类之外定义的变量，而在类或者函数之内定义的变量为局部变量。

全局变量在代码的任何位置都可以访问，所以在函数之外声明的变量同样可以访问，如下面的代码，函数 Test()外声明的变量 i 在函数体内同样可以访问。

```
Var i:int=8;
//定义 Test 函数
function Test() {
trace(i);
}
Test()//输出：8
```

（4）变量的默认值。变量的默认值是指变量在没有赋值之前的值。例如，Boolean 型变量的默认值是 false；int 型变量的默认值是 0；Number 型变量的默认值是 NaN；Object 型变量的默认值是 null；String 型变量的默认值是 null；uint 型变量的默认值是 0；*型变量的默认值是 undefined。

9.2.4　运算符和表达式

运算符是指能够对常量和变量进行运算的符号。利用运算符可以进行一些基本的运算，被运算的对象称为操作数，即被运算符用做输入的值。在 Flash CS5 中提供了大量的运算符，如算术运算符、字符串运算符和逻辑运算符等。如果需要使用运算符，可以在一般的函数或语句的 value 文本框中直接输入，也可以单击动作工具箱中的 ▣ 运算符 选项，在其子菜单中双击一个运算符，添加到命令脚本窗口中。

表达式是指将运算符和运算对象连接起来符合语法规则的式子，也可以理解为计算并能返回一个值的任何语句。

1．运算符的优先级和结合律

运算符的优先级和结合律决定了运算符的处理顺序。虽然编译器先处理乘法运算符"*"，然后再处理加法运算符"+"，这已成为默认的运算规律，但实际上编译器要求显式指定先处理哪些运算符，此类指令统称为"运算符优先级"。

ActionScript 3.0 定义了一个默认的运算符优先级，可以使用小括号运算符"( )"。下面的例子中使用小括号改变默认优先级，强制编译器先处理加法运算符，然后再处理乘法运算符。

```
var sum:uint=(3+ 4)*4;
trace(sum)
//输出 28，而不是 19
```

2．算术运算符和算术表达式

算术运算符可以执行加、减、乘、除和其他算术运算，其中增量或减量运算符最常见的用法是 i++，++i 或 i--，--i，算数运算符如表 9.3 所示。算术表达式是指将算术运算符和括号将运算对象连接起来的符合语法规则的式子。

表 9.3　算术运算符

运算符	执行的运算
+	加
-	减
*	乘
/	除
%	取模
++	递增
--	递减

3．逻辑运算符和逻辑表达式

逻辑运算符是对布尔值（true 或 false）进行比较，然后返回第 3 个布尔值，逻辑运算符如表 9.4 所示。逻辑运算符和操作数连在一起形成逻辑表达式。在逻辑表达式中，当两个操作数都为 true 时，逻辑与表达式才为真，否则全为假；当两个操作数都为 false 时，逻辑或表达式才为假，否则全为真。

表 9.4　逻辑运算符

运算符	执行的运算
&&	逻辑与
||	逻辑或
!	逻辑非

4．比较运算符和比较表达式

比较运算符用于比较两个表达式的值，然后返回一个布尔值（true 或 false），比较运算符如表 9.5

所示。比较运算符最常用于条件语句和循环语句中。

表 9.5　比较运算符

运算符	执行的运算
<	小于
>	大于
<=	小于或等于
>=	大于或等于

5. 赋值运算符和赋值表达式

赋值运算符"="用于为变量赋值，赋值运算符如表 9.6 所示。赋值运算符将变量和表达式连接起来形成赋值表达式。

表 9.6　赋值运算符

运算符	执行的运算
=	赋值
+=	相加并赋值
-=	相减并赋值
*=	相乘并赋值
%=	求余并赋值
/=	相除并赋值
<<=	按位左移并赋值
>>=	按位右移并赋值
>>>=	无符号按位右移并赋值
^=	按位异或并赋值
|=	按位或并赋值
&=	按位与并赋值

使用赋值运算符为变量赋值时，可以一次只为一个变量赋值，也可以一次为多个变量赋值，例如：

name="shanxi";

a=b=c=8;

6. 等于运算符和等于表达式

等于运算符"=="可以确定两个操作数的值或者标识是否相等并返回一个布尔值，等于运算符如表 9.7 所示。在使用等于运算符时，如果操作数为字符串、数值或布尔值，会按照值进行比较；如果操作数为对象或数组，会按照引用进行比较。等于运算符和操作数连在一起就形成等于表达式，例如：if (n==100)。如果将表达式写成：n=100，则是错误的。该表达式完成的是赋值操作而不是比较操作。

表 9.7　等于运算符

运算符	执行的运算
==	等于
===	完全等于
!=	不等于
!==	完全不等于

完全等于运算符"==="与等于运算符"=="相似，但有区别：完全等于运算符不执行类型转换。如果两个操作数属于不同的类型，完全等于运算符会返回 false，不完全等于运算符"!=="会返回完全等于运算符的相反值。

9.2.5　函数

函数是一种一次编写后可以在动画文件中反复使用的脚本代码块。如果将值当做参数传递给函数，该函数将对这些值执行运算，函数也可以返回值。Flash CS5 中内置了许多的函数，它们被分为影片剪辑控制函数、时间轴控制函数以及浏览器/网络函数等，每一类函数都有其独特的功能，下面对其进行具体介绍。

1．影片剪辑控制函数

在制作 Flash 动画中，影片剪辑控制函数是用来控制影片剪辑的命令语句，常用的影片剪辑控制函数包括以下几种：

（1）duplicateMovieClip 函数。此函数用于动态地复制影片剪辑实例。其语法格式为：

duplicateMovieClip(目标，新名称=" ",深度);

　1）目标：要复制的影片剪辑实例路径和名称。

　2）新名称：是指复制后的影片剪辑实例名称。

　3）深度：是指已经复制的影片剪辑实例的堆叠顺序编号。

（2）removeMovieClip 函数。此函数用于删除复制的影片剪辑。其语法格式为：

removeMovieClip("复制的影片剪辑实例路径和名称");

（3）getProperty 函数。此函数用于获取某个影片剪辑实例的属性。常常用来动态地设置影片剪辑实例属性。其语法格式为：

getProperty(目标，属性);

　1）目标：要获取属性的影片剪辑实例名。

　2）属性：影片剪辑实例的一个属性。

（4）setProperty 函数。此函数用于设置影片剪辑的属性值。其语法格式为：

setProperty(目标，属性，值);

　1）目标：指定要设置其属性的影片剪辑实例名称的路径。

　2）属性：指定要控制何种属性，例如透明度、可见性、放大比例等。

　3）值：指定属性对应的值。

（5）on 函数。此函数用于触发动作的鼠标事件或者按键事件。on 函数可以捕获当前按钮（button）中的指定事件，并执行相应的程序（statements）。其语法格式为：

on(参数){程序块；//触发事件后执行的程序块}

其中"参数"指定了要捕获的事件，具体事件如下：

　1）press：当按钮被按下时触发该事件。

　2）release：当按钮被释放时触发该事件。

　3）releaseOutside：当按钮被按住后，鼠标移动到按钮以外并释放时触发该事件。

　4）rollOut：当鼠标滑出按钮范围时触发该事件。

　5）rollOver：当鼠标滑入按钮范围时触发该事件。

　6）dragOut：当按钮被按下并拖曳出按钮范围时触发该事件。

　7）dragOver：当按钮被按下并拖曳入按钮范围时触发该事件。

　8）keyPress("key")：当参数（key）指定的键盘按键被按下时触发该事件。

（6）onClipEvent 函数。此函数用于触发特定影片剪辑实例定义的动作。其语法格式为：

onClipEvent(参数){程序块；//触发事件后执行的程序块}

其中"参数"是一个称为事件的触发器。当事件发生时，执行事件后面大括号中的语句。具体的参数如下：

1）load：影片剪辑实例一旦被实例化并出现在时间轴上，即启动该动作。

2）unload：从时间轴中删除影片剪辑后，此动作在第 1 帧中启动。在向受影响的帧附加任何动作之前，先处理与 unload 影片剪辑事件关联的动作。

3）enterFrame：以影片剪辑帧频不断触发此动作。首先处理与 enterFrame 剪辑事件关联的动作，然后才处理附加到受影响帧的所有帧动作。

4）mouseDown：当按下鼠标左键时启动此动作。

5）mouseUp：当释放鼠标左键时启动此动作。

6）keyDown：当按下某个键时启动此动作。

7）keyUp：当释放某个键时启动此动作。

8）data：当在 loadVariables()或 loadMovie()动作中接收数据时启动此动作。当与 loadVariables()动作一起指定时，data 事件只在加载最后一个变量时发生一次。

（7）startDrag 函数。此函数用于在播放动画时，拖动影片剪辑实例。其语法格式为：

startDrag(目标，锁定，左，上，右，下)；

1）目标：指定要拖动的影片剪辑的目标路径。

2）锁定：表示拖动时中心是否锁定在鼠标，true 表示锁定，false 表示不锁定。

3）左，上，右，下：指定拖动的范围，该范围是对于未被拖动前的影片剪辑而言的。

（8）stopDrag 函数。此函数用于停止拖动舞台中的影片剪辑实例。其语法格式为：

stopDrag()；

2．时间轴控制函数

在制作 Flash 动画中，常用的时间轴控制函数包括以下几种：

（1）gotoAndPlay 函数。此函数通常加在关键帧或按钮实例上，作用是当动画播放到某帧或单击某按钮时，跳转到指定的帧并从该帧开始播放。其语法格式为：

gotoAndPlay(scene,frame)；

（2）gotoAndStop 函数。此函数的作用是当播放头播放到某帧或单击某按钮时，跳转到指定的帧并从该帧停止播放。其语法格式和使用方法与 gotoAndPlay 函数相同。

（3）nextFrame 函数。此函数的作用是从当前帧跳转到下一帧并停止播放。例如，为某按钮添加以下脚本，当单击并释放按钮后，动画将从当前帧跳转到下一帧并停止播放。其语法格式为：

on(release){

nextFrame()；

}

（4）nextScene 函数。此函数的作用是跳转到下一场景并停止播放。当有多个场景时，可以使用此函数使各场景产生交互。其语法格式和使用方法与 nextFrame 函数相同。

（5）play 函数。此函数使影片从它的当前位置开始播放。如果影片由于 stop 动作或 gotoAndStop 动作而停止，那么用户只能使用 play 函数启动，才能使影片继续播放。其语法格式为：

play()；

（6）stop 函数。此函数使得影片停止播放。其语法格式为：

stop();

（7）stopAllSounds 函数。此函数在不停止播放动画的情况下，使当前播放的所有声音停止播放。其语法格式为：

stopAllSounds();

3．浏览器/网络函数

浏览器/网络函数主要用于控制动画的播放，以及链接网络的脚本命令。常用的函数有以下几种：

（1）fscommand 函数。此函数用于.swf 文件与 Flash Player 之间的通信。还可以通过使用 fscommand 动作将消息传递给 Macromedia Director，或者传递给 Visual Basic，Visual C++和其他可承载 ActiveX 控件的程序。其语法格式为：

fscommand(命令，参数);

1）命令：一个传递给外部应用程序使用的字符串，或者是一个传递给 Flash Player 的命令。

2）参数：一个传递给外部应用程序用于任何用途的字符串，或者是传递给 Flash Player 的一个变量值。

（2）getURL 函数。此函数为按钮或其他事件添加网页地址。其语法格式为：

getURL(网址);

例如，单击按钮打开谷歌网站，其输入的脚本语句为：

on(release){

getURL("http://www.google.com");

}

（3）loadMovie 函数。此函数是指在播放原始.swf 文件的同时将.swf 文件或 JPEG 文件加载到 Flash Player 中。其语法格式为：

loadMovie(url，目标，方法);

1）url：要加载的 swf 文件或 JPEG 文件的绝对或相对 URL。

2）目标：指向目标影片剪辑的路径。

3）方法：可选参数，为一个整数，指定用于发送变量的 HTTP 方法。

（4）unloadMovie 函数。此函数是从 Flash Player 中删除影片剪辑实例。其语法格式为：

unloadMovie("要删除的影片剪辑的目标路径");

9.2.6 条件/循环语句

在 Flash 编程中，应熟练掌握条件语句和循环语句的使用方法与技巧，以更好地控制动画的播放。

1．条件语句

条件语句是动作脚本中用来处理根据条件有选择地执行程序代码的语句，有以下 3 种格式。

（1）if 语句。该语句首先判断如果满足条件（结果为 true 时），执行动作序列 1；如果条件为 false，则 Flash 将跳过大括号内的语句，继续运行大括号后面的语句。其语法格式为：

if(条件){

动作序列 1

}

1）条件：计算结果为 true 或 false 的表达式。

2）动作序列：在条件计算结果为 true 时，执行的一系列命令。

（2）if…else 语句。该语句首先判断条件是否成立，如果条件成立，执行动作序列 1；条件不成立，则执行动作序列 2。

if(条件) {
动作序列 1
}
else{
动作序列 2
}

（3）if…else if 语句。该语句首先判断条件 1 是否成立，若值为 true，则 Flash 执行动作序列 1，若条件 1 不成立，再判断条件 2 是否成立，若成立，Flash 执行动作序列 2，若条件 2 不成立，再判断条件 3，直至条件 n，若条件 1 至 n 都不成立，那么，Flash 将执行动作序列 n+1。

if(条件 1){
动作序列 1
}
else if(条件 2){
动作序列 2
}
Else if(条件 n){
动作序列 n
}
else{
动作序列 n+1
}

2．循环语句

循环语句是指当条件成立时，将动作重复执行指定的次数。循环语句包括以下 3 种。

（1）for 语句。该语句可以让指定程序代码块执行一定次数的循环。其语法格式为：

for(初始值；条件；下一个){
statement（s）；
}

1）初始值：是一个在开始循环前要计算的表达式，通常为赋值表达式。

2）条件：是一个计算结果为 true 或 false 的表达式。在每次循环前计算该条件，当条件的计算结果为 false 时退出循环。

3）下一个：是一个在每次循环执行后要计算的表达式，通常是使用 "++" 或 "--" 运算符的赋值表达式。

4）statement（s）：循环体内要执行的语句。

（2）while 语句。该语句用于在条件成立时一直循环，直到条件不成立时退出。其语法格式为：

```
while(条件){
指令体
}
```

　　1）条件：每次执行 while 语句块时都要重新计算的表达式，结果为 true 或 false。

　　2）指令体：当条件为 true 时要重复执行的指令序列。

　（3）do…while 语句。该语句也可以实现程序按条件循环的执行效果。其语法格式为：

```
do{
statement(s);
}while(条件)
```

　　1）statement（s）：循环体内要执行的语句。

　　2）条件：执行循环体语句的条件，当条件表达式计算结果为 true 时才会执行循环体语句。

9.3　组件的应用

　　Flash CS5 提供了一些简单的交互元件来简化交互式动画的制作，如按钮（Button）、单选按钮（RadioButton）、复选框（CheckBox）、列表框（List）以及下拉列表框（ComboBox）等，这些交互元件组合起来就形成了 Flash 组件。

　　新建一个文档（ActionScript 3.0）后，用户可以选择菜单栏中的 窗口(W) → 组件(X) 命令，或按"Ctrl+F7"键打开组件面板，如图 9.3.1 所示。在组件面板中单击 ▶ 图标，将打开一个组，可以看到在其中有许多种组件，如图 9.3.2 所示。每种 Flash 组件都有自己的属性和方法，用户可以通过设置参数修改其外观和行为。

图 9.3.1　组件面板

图 9.3.2　展开组件

　　由图 9.3.1 可以看出，Flash 提供了 3 种组件类型，其中 User Interface 类型是最常用的组件类型，因此下面将主要对该组件进行详细介绍。

9.3.1　按钮（Button）

　　按钮是 Flash 组件中比较简单的一个组件，利用它可执行所有的鼠标和键盘交互事件。

1. 创建按钮

　　打开组件面板中的 User Interface 类型，在其中选择 Button 组件，然后按住鼠标左键将其拖曳到舞台中即可，如图 9.3.3 所示。

2．设置按钮属性

在舞台中选中创建的按钮，其属性面板中的参数选项如图 9.3.4 所示。

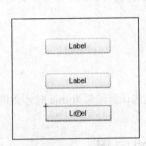

图 9.3.3　创建按钮

图 9.3.4　Button 组件的属性面板

对属性面板中的各项参数介绍如下：

（1）emphasized：获取或设置一个布尔值，指示当按钮处于弹起状态时，Button 组件周围是否绘有边框。

（2）enabled：设置组件能否接受用户输入。

（3）label：设置按钮上的显示内容，默认值是"label"。

（4）labelPlacement：确定按钮上的标签文本相对于图标的方向，其中包括 4 个选项：left，right，top 和 bottom，默认值是 right。

（5）selected：如果切换参数的值是 true，则该参数指定是 true 还是 false，默认值为 false。

（6）toggle：将按钮转变为切换开关。如果值为 true，则按钮在按下后保持按下状态，直到再次按下时才返回到弹起状态，默认值为 false。

（7）visible：获取一个值，显示按钮是否可见。

9.3.2　单选按钮（RadioButton）

利用 UI 组件中的 RadioButton 可以创建多个单选按钮，并为其设置相应的参数。

1．创建单选项

打开组件面板中的 User Interface 类型，在其中选择 RadioButton 组件，然后按住鼠标左键将其拖曳到舞台中即可，如图 9.3.5 所示。

2．设置单选项属性

在舞台中选中创建的单选按钮，其属性面板中的参数选项如图 9.3.6 所示。

对属性面板中的各项参数介绍如下：

（1）groupName：是单选按钮的组名称，默认值为 radioButtonGroup。

（2）label：设置按钮上的文本值，默认值为 label。

（3）labelPlacement：确定按钮上的标签文本相对于图标的方向，该参数可以是 left，right，top 或 bottom，默认值是 right。

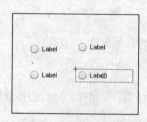

图 9.3.5　创建的单选按钮　　　　　图 9.3.6　RadioButton 组件的属性面板

（4）selected：设置单选按钮的初始值是否被选中，被选中的单选按钮会显示一个圆点。一个组内只有一个单选按钮可以有被选中的值（true）；如果组内有多个单选按钮被设置为 true，则会选中最后的单选按钮，默认值为 false。

（5）value：与单选按钮关联的用户定义值。

9.3.3　复选框（CheckBox）

在一系列选择项目中，利用复选框可以同时选取多个项目，利用 UI 组件中的 CheckBox 可以创建多个复选框，并为其设置相应的参数。

1．创建复选框

打开组件面板中的 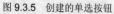 User Interface 类型，在其中选择 ✔ CheckBox 组件，然后按住鼠标左键将其拖曳到舞台中即可，如图 9.3.7 所示。

2．设置复选框属性

在舞台中选中创建的复选框，其属性面板中的参数选项如图 9.3.8 所示。

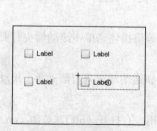

图 9.3.7　创建复选框　　　　　图 9.3.8　CheckBox 组件的属性面板

对属性面板中的各项参数介绍如下：

（1）label：设置复选框上的文本值，默认值为 label。

（2）labelPlacement：确定复选框上的标签文本相对于图标的方向，该参数可以是 left，right，top 或 bottom，默认值是 right。

（3）selected：确定复选框的初始状态为选中（true）或取消选中（false）。被选中的复选框中会显示一个勾。

9.3.4　列表框（List）

在 Flash 中，使用列表框可以显示图形，也可以包含其他组件。

1．创建列表框

打开组件面板中的 User Interface 类型，在其中选择 List 组件，然后按住鼠标左键将其拖曳到舞台中即可，如图 9.3.9 所示。

2．设置列表框属性

在舞台中选中创建的列表框，其属性面板中的参数选项如图 9.3.10 所示。

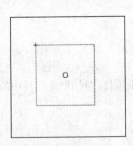

图 9.3.9　创建的列表框

图 9.3.10　List 组件的属性面板

对属性面板中的各项参数介绍如下：

（1）dataprovider：获取或设置要查看的项目列表的数据模型，默认值为[ ]，即为空数组。

（2）horizontalLineScrollSize：获取或设置一个值，该值描述当单击滚动箭头时要在水平方向上滚动的内容量，默认值是 4。

（3）horizontalPageScrollSize：获取或设置按滚动条轨道滚动时水平滚动条上滚动滑块移动的像素数。

（4）horizontalScrollPolicy：获取对水平滚动条的引用，有打开（off），关闭（on）和自动（auto），默认是 auto。

（5）verticalLineScrollSize：获取或设置一个值，该值描述当单击滚动箭头时要在垂直方向上滚动多少像素，默认值是 4。

（6）verticalPageScrollSize：获取或设置按滚动条轨道滚动时垂直滚动条上滚动滑块要移动的像素数，默认值是 0。

（7）verticalScrollPolicy：获取对垂直滚动条的引用，有打开（off），关闭（on）和自动（auto），默认是 auto。

9.3.5　下拉列表框（ComboBox）

Flash 组件中的下拉列表框与对话框中的下拉列表框类似，单击右边的下拉按钮即可弹出相应的下拉列表，以供选择需要的选项。

1．创建下拉列表框

打开组件面板中的 User Interface 类型，在其中选择 ComboBox 组件，然后按住鼠标左键将其拖曳到舞台中即可，如图 9.3.11 所示。

2．设置下拉列表框属性

在舞台中选中创建的下拉列表框，其属性面板中的参数选项如图 9.3.12 所示。

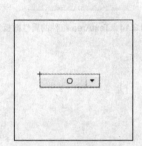

图 9.3.11　创建的下拉列表框　　　　图 9.3.12　ComboBox 组件的属性面板

对属性面板中的各项参数介绍如下：

（1）dataprovider：获取或设置要查看的项目列表的数据模型。

（2）editable：决定用户是否可以在下拉列表框中输入文本。如果可以输入则为 true，如果只能选择不能输入则为 false，默认值为 false。

（3）prompt：获取或设置对 ComboBox 组件的提示。

（4）rowCount：设置在不使用滚动条的情况下一次最多可以显示的项目数，默认值为 5。

9.3.6　文本域（TextArea）

在 Flash 中，使用文本域可以提供多行文本的输入。

1．创建文本域

打开组件面板中的 User Interface 类型，在其中选择 TextArea 组件，然后按住鼠标左键将其拖曳到舞台中即可，如图 9.3.13 所示。

2．设置文本域属性

在舞台中选中创建的文本域，其属性面板中的参数选项如图 9.3.14 所示。

对属性面板中的各项参数介绍如下：

（1）editable：设置 TextArea 组件是否可编辑。

（2）horizontalScrollPolicy：设置是否显示水平滚动条。

（3）htmlText：设置文本字段是否可以采用 HTML 格式。

（4）verticalScrollPolicy：设置是否显示垂直滚动条。

（5）maxChars:：设置限制 TextArea 控件中允许输入的字数。

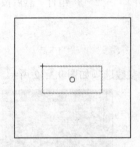

图 9.3.13　创建的文本域　　　　　　图 9.3.14　TextArea 组件的属性面板

（6）restrict　设置限制用户能输入的字符。

（7）text：设置组件的文本内容。

（8）wordWrap：设置文本是否自动换行。

9.3.7　滚动条（ScrollPane）

如果在某个大小固定的文本框中无法将所有内容显示完全，可以使用滚动条来显示这些内容。滚动条是动态文本框与输入文本框的组合，在动态文本框和输入文本框中添加水平和竖直滚动条，可以通过拖动滚动条来显示更多的内容。

1．创建滚动条

打开组件面板中的 User Interface 类型，在其中选择 ScrollPane 组件，然后按住鼠标左键将其拖曳到舞台中即可，如图 9.3.15 所示。

2．设置滚动条属性

在舞台中选中创建的滚动条，其属性面板中的参数选项如图 9.3.16 所示。

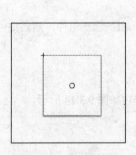

图 9.3.15　创建的滚动条　　　　　　图 9.3.16　ScrollPane 组件的属性面板

对属性面板中的各项参数介绍如下：

（1）horizontalLineScrollSize：获取或设置一个值，该值描述当单击滚动箭头时要在水平方向上滚动的内容量，默认值是 4。

（2）horizontalPageScrollSize：获取或设置按滚动条轨道滚动时水平滚动条上滚动滑块要移动的像素数，默认值是 0。

（3）horizontalPageScrollPolicy：用于设置是否显示水平滚动条，该值可以为 on，off 或 auto，默认值为 auto。

（4）scrollDrag：用于设置用户在滚动窗格中拖动内容时，该内容是否发生滚动。

（5）source：获取或设置绝对或相对 URL（该 URL 标识要加载的 SWF 或图像文件的位置）、库面板中影片剪辑的类名称、对显示对象的引用或者与组件位于同一层上的影片剪辑的实例名称。

（6）verticalLineScrollSize：获取或设置一个值，该值描述当单击滚动箭头时要在垂直方向上滚动的像素数，默认值是 4。

（7）verticalPageScrollSize：获取或设置按滚动条轨道滚动时垂直滚动条上滚动滑块要移动的像素数，默认值是 0。

（8）verticalScrollPolicy：该参数用于设置是否显示垂直滚动条，该值可以为 on，off 或 auto，默认值为 auto。

9.3.8　输入文本框（TextInput）

输入文本框和文本域的功能比较相似，都可以提供文本的输入，不同的是输入文本框只能提供单行文本的输入。

1. 创建输入文本框

打开组件面板中的 [🔲 User Interface] 类型，在其中选择 [🔲 TextInput] 组件，然后按住鼠标左键将其拖曳到舞台中即可，如图 9.3.17 所示。

2. 设置输入文本框属性

在舞台中选中创建的输入文本框，其属性面板中的参数选项如图 9.3.18 所示。

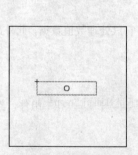

图 9.3.17　创建的输入文本框

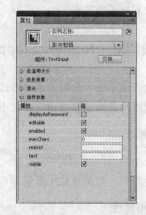

图 9.3.18　TextInput 组件的属性面板

对属性面板中的各项参数介绍如下：

（1）editable：设置 TextInput 组件是否可编辑。

（2）displayAsPassword：设置字段是否为密码字段。

（3）text：设置文本的内容。

9.3.9 标签（Label）

标签用于为表单的其他组件创建文本标签，也可以使用标签组件来替代普通文本字段。

1．创建标签

打开组件面板中的 <kbd>User Interface</kbd> 类型，在其中选择 <kbd>T Label</kbd> 组件，然后按住鼠标左键将其拖曳到舞台中即可，如图 9.3.19 所示。

2．设置标签属性

在舞台中选中创建的标签，其属性面板中的参数选项如图 9.3.20 所示。

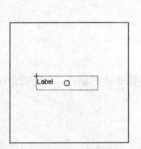

图 9.3.19 创建的标签

图 9.3.20 Label 组件的属性面板

对属性面板中的各项参数介绍如下：

（1）autoSize：设置标签的大小和对齐方式如何适应文本。

（2）htmlText：设置标签是否采用 HTML 格式。

（3）text：设置标签的文本。

9.3.10 微调框（NumericStepper）

微调框是指允许用户在一个数值范围内选择某一值，它只处理数值数据，此外，要显示两个以上的数值位置，在编辑时必须调整微调框的大小。

1．创建微调框

打开组件面板中的 <kbd>User Interface</kbd> 类型，在其中选择 <kbd>⑩⑤ NumericStepper</kbd> 组件，然后按住鼠标左键将其拖曳到舞台中即可，如图 9.3.21 所示。

2．设置微调框属性

在舞台中选中创建的微调框，其属性面板中的参数选项如图 9.3.22 所示。

对属性面板中的各项参数介绍如下：

（1）Maximum：设置步进的最大值，默认值为 10。

（2）minimum：设置步进的最小值，默认值为 0。

（3）stepSize：设置步进的变化单位，默认值为 1。

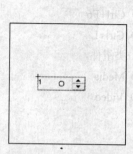
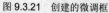

图 9.3.21　创建的微调框　　　　　　图 9.3.22　NumericStepper 组件的属性面板

本 章 小 结

　　本章主要介绍了 ActionScript 和组件的应用方法。通过本章的学习，读者应熟练掌握 ActionScript 编程语言的基础知识，并能灵活使用组件制作出较强的交互式动画效果。

习　题　九

一、填空题

1. _____即动作脚本语言，简称 AS 语言。

2. 在 Flash CS5 中，_____是编写 ActionScript 的场所。

3. 动作面板由 4 部分组成，分别为_____、_____、_____和_____。

4. 在 Flash CS5 的 ActionScript 中有两种数据类型：_____和_____。

5. 在复选框的属性面板中，_____参数用于确定复选框旁边的显示内容；_____参数确定复选框的初始状态是否为选中状态。

6. 在单选按钮的属性面板中，_____参数用于确定单选项旁边标签文本的方向。

7. _____是带有参数的影片剪辑，用户可以通过设置参数修改其外观和行为。

8. 在 Flash CS5 中，_____组件用于创建按钮，是任何表单的基础。

二、选择题

1. 在 Flash CS5 中，可以向（　）添加 ActionScript。

　（A）帧　　　　　　　　　　　　（B）影片剪辑

　（C）按钮　　　　　　　　　　　（D）图像

2. 在 Flash CS5 中，按（　）键可打开动作面板。

　（A）F5　　　　　　　　　　　　（B）F9

　（C）F7　　　　　　　　　　　　（D）Ctrl+F7

3. 在 Flash CS5 中，可创建（　）种类型的注释。

　（A）1　　　　　　　　　　　　　（B）2

（C）3　　　　　　　　　　　（D）4

4．在 Flash CS5 中，按（　）键，即可打开组件面板。

（A）Ctrl+F5　　　　　　　　（B）Ctrl+F6

（C）Ctrl+F7　　　　　　　　（D）Ctrl+L

5．在 Flash CS5 中，（　）组件是使用最为频繁的一类组件。

（A）Data　　　　　　　　　（B）Media

（C）User Interface　　　　　　（D）Video

三、简答题

1．简述 ActionScript 的概念及语法规则。

2．简述动作面板的组成及作用。

3．简述 Flash CS5 中组件的类型及功能。

四、上机操作题

1．利用本章所学的内容，制作一个 MP3 播放器。

2．练习添加和设置常用组件的属性，并比较各种组件的作用。

3．利用本章所学的内容，制作一个万年历。

第 10 章 Flash 动画的发布

对制作好的 Flash 动画进行测试和发布，可以确保它能够流畅并按照期望在网络上进行播放，从而提高作品的点击率。

教学目标

（1）测试动画。
（2）优化动画。
（3）导出动画。
（4）发布动画。

10.1 测 试 动 画

在 Flash CS5 中制作好动画后，需要生成能够脱离 Flash 环境运行的文件，才能将其应用于各个领域，当用户要将制作好的动画导出和发布时，必须先对动画的性能进行测试，当它符合一定的要求后，才能将它导出和发布，以上传至网络。

10.1.1 影片和场景的测试

在 Flash CS5 中，可通过以下方法测试影片和场景。

（1）选择菜单栏中的 控制(O) → 播放(P) 命令，测试动画。

（2）直接按"Enter"键，测试制作的动画

（3）选择菜单栏中的 窗口(W) → 工具栏(O) → 控制器(O) 命令，打开如图 10.1.1 所示的控制器面板，利用其中的按钮来测试。

（4）如果动画中带有简单的帧动作语句，则选择菜单栏中的 控制(O) → 启用简单帧动作(I) 命令，然后再使用上述方法进行测试。

（5）如果动画中带有简单的按钮动作语句，则选择菜单栏中的 控制(O) → 启用简单按钮(T) 命令，然后再使用上述方法进行测试。

（6）如果动画中引用了影片剪辑元件实例，或动画中包含多个场景，则必须选择菜单栏中的 控制(O) → 测试影片(M) 或 测试场景(S) 命令，也可按"Ctrl+Enter"键到 Flash Player 中对动画进行测试。

10.1.2 影片中动作脚本的测试

对于动画中的脚本代码，Flash CS5 也提供了几种工具对其进行测试。

（1）调试器面板：在 Flash CS5 中，使用调试器面板可以显示一个当前加载到 Flash Player 中的

影片剪辑的分层显示列表，用户可以在影片播放时动态地显示和修改变量与属性的值，并且可以使用"切换断点"按钮  停止影片播放，同时逐行跟踪动作脚本代码。启动调试器面板的方法为：选择菜单栏中的 窗口(W) → 调试面板(D) → ActionScript 2.0 调试器 命令即可打开调试器面板，如图 10.1.2 所示。

图 10.1.1　控制器面板　　　　　　　　　　　图 10.1.2　调试器面板

（2）输出面板：在 Flash CS5 中，使用输出面板可以显示动画中的错误信息以及变量和对象列表，帮助用户查找错误。

（3）Trace 语句：在 Flash CS5 中，用户可以在动画中使用 Trace 语句将特定的信息发送到输出面板中。

10.1.3　动画下载性能的测试

使用带宽配置可以以图形化方式查看下载性能，它会根据指定的调制解调器速度显示每帧需要发送多少数据。而下载速度是 Flash 使用典型的 Internet 的性能来估计的，而不是精确的调制解调器速度。

1. 测试影片在 Web 上的流畅性

在 Flash CS5 中，要测试影片在 Web 上播放的流畅性，其具体操作步骤如下：

（1）如果在影片编辑状态下，选择菜单栏中的 控制(O) → 测试影片(M) 或 测试场景(S) 命令，即可打开 Flash CS5 的动画测试窗口，如图 10.1.3 所示。

（2）在影片测试播放窗口中选择菜单栏中的 视图(V) → 下载设置(D) 命令，然后在其子菜单中选择一个预设的下载速度来确定 Flash 模拟的数据流速率。若需自己设置，可以选择其子菜单中的 自定义... 命令，在弹出的"自定义下载设置"对话框中用户可以进行设置，如图 10.1.4 所示。

图 10.1.3　动画的测试窗口　　　　　　　图 10.1.4　"自定义下载设置"对话框

（3）如果要查看影片的具体下载情况，可以在测试播放窗口中选择菜单栏中的 视图(V) → 带宽设置(B) 命令，以显示下载性能的图表，在图表下方同时会播放影片，如图 10.1.5 所示。

（4）如果要打开或关闭数据流，可以选择菜单栏中的 视图(V) → 数据流图表(T) 命令。如果关闭数据流，则影片不会模拟 Web 连接就开始播放。

（5）单击图表上的竖条，会在左侧窗口中显示对应帧的设置，这时，竖条将变成红色，下方的播放窗口停止播放影片，并显示该帧的内容。

（6）如果用户选择菜单栏中的 视图(V) → 模拟下载(S) 命令，可启动或关闭模拟下载功能。启动模拟下载功能后，动画播放情况便是根据用户设置的传输速率在网络上的实际播放情况，如图 10.1.6 所示。

图 10.1.5　带宽视图的动画测试窗口

图 10.1.6　模拟下载的动画测试窗口

（7）如果关闭测试窗口，即可返回 Flash CS5 的工作界面。

注意： 一旦建立起结合带宽设置的测试环境，就可以在测试模式中直接打开任意的 .SWF 文件，文件会用"带宽设置"和其他选定的"视图"选项在播放器窗口打开。

2. 文件大小报告

用户还可以在 Flash 中生成一个列出最终 Flash Player 文件数据量的报告，其具体操作步骤如下：

（1）选择菜单栏中的 文件(F) → 发布设置(G)... 命令，弹出"发布设置"对话框，并单击 Flash 选项卡，切换到 Flash 面板，如图 10.1.7 所示。

（2）在弹出的"发布设置"对话框中选中 ☑ 生成大小报告(R) 复选框。

（3）单击 发布 按钮，即可在测试动画时生成一个同名的文本文件，它将被存放在与该动画相同的目录下，其中显示了文件中各元素的大小，如图 10.1.8 所示。

图 10.1.7　"发布设置"对话框

图 10.1.8　文件大小报告

10.2 优 化 动 画

影片的下载和回放的时间取决于文件的大小。若文件的大小增加，则下载和回放的时间自然也会增加，因此对影片的回放进行优化就显得非常重要。

10.2.1 简化

在制作 Flash 动画时，应注意适量地简化动画，下面对其进行具体介绍。

（1）在设置文档尺寸时，文档尺寸越小，Flash 文件体积就越小。

（2）在创建形状和图形时，减少使用的点数和线数，可将直线组合。

（3）在使用声音文件时，最好导入 MP3 格式的声音，并优化输出声音。

（4）渐变填充比单色填充要消耗更多的处理器资源，应减少使用渐变填充的数量。

（5）不要应用太多字体和样式：尽量不要使用太多不同的字体和样式，使用的字体越多，Flash 文件就越大，尽可能使用 Flash 内定的字体。

（6）尽量不要将字体打散，因为将输入的字体打散后，会使文件体积增大。

10.2.2 优化元件

在制作 Flash 动画时，如果要使用元件，需要注意以下几个方面。

（1）如果要在动画的多个关键帧或场景中使用同一元素，可考虑将其作为元件。

（2）如果要使用许多颜色的同一图形，可将它制作成图形符号。

（3）尽量将大的元件放在第一帧，方便预加载。

（4）避免使用大的元件作为当前库中的链接元件导出。

10.2.3 优化图片

在制作 Flash 动画时，如果要使用文本，需要注意以下几个方面。

（1）不要轻易使用点阵位图，因为位图表现的内容清晰，但输出动画的文件也明显增大。

（2）若要导入位图，则导入前最好使用别的软件将位图尺寸修改小一些，并使用 JPEG 格式。

（3）由于矢量图储存大小同其尺寸没有关系，而是同结构有关，结构越复杂，储存尺寸越大，同时还会影响 Flash 处理动画的速度，因此多用结构简单的矢量图形。

10.2.4 优化动作脚本

在 Flash 动画中使用 ActionScript 脚本语句时，应注意以下几个方面。

（1）在“发布设置”对话框中的 Flash 选项卡中，选中 ☑ 省略 trace 动作(T) 复选框，从而在发布的影片中将不会有“输出”窗口弹出。

（2）在脚本编程中尽量使用局部变量。

（3）在脚本编程中尽量将经常重复的代码段定义为函数。

10.3　导　出　动　画

将动画优化并测试完其下载性能后，就可以将动画导出到其他应用程序中。在导出过程中有多种格式可供选择，但每次只能按一种格式导出。

10.3.1　Flash 中导出文件的格式

在 Flash CS5 中，用户可以使用多种不同的格式导出 Flash 内容和图像，下面介绍几种常用的文件格式。

（1）SWF 影片（.swf）：这是 Flash 动画的默认文件格式，这种文件只有在 Flash 播放器中才能播放。

（2）Windows AVI（.avi）：该格式是标准的 Windows 动画格式。因为 AVI 是基于位图格式，所以高分辨率或较长的动画会使文件容量变得更大。

（3）WAV 音频（.wav）：将当前动画中的所有声音输出到一个 WAV 格式的文件中保存。

（4）Adobe FXG（.fxg）：是 Flash 与其他矢量绘图程序（如 FreeHand）之间交换图形的最好格式。这种格式支持曲线、线条类型、填充信息的精确转换。

（5）JPEG 序列（.jpg）：导出 JPEG 格式的文件序列，每帧转换为单独的 JPEG 文件。

（6）JPEG 图像（.jpg）：导出一个 JPEG 格式的静态图像文件。

（7）位图（.bmp）：导出一个 BMP 格式的位图图像文件。

（8）GIF 动画（.gif）：可导出一个包含多个连续画面的 GIF 动画文件。

（9）GIF 图像（.gif）：导出一个 GIF 格式的静态图像文件。

（10）GIF 序列文件（.gif）：将动画中的每一帧转换为单独的 GIF 格式位图文件序列。

（11）PNG 序列文件和 PNG（.png）：可导出 PNG 格式的文件，PNG 图像是唯一支持透明度（包含 Alpha 通道），不易失真便于传输的跨平台位图格式。

10.3.3　导出文件的方法

在 Flash CS5 中，可以通过选择 文件(F) → 导出(E) 命令的子菜单命令（见图 10.3.1），将选中的图像或影片导出。下面以导出 GIF 动画图像为例来讲解导出动画的方法与技巧，其具体操作方法如下：

（1）打开测试和优化后的 Flash 作品，选择菜单栏中的 文件(F) → 导出(E) → 导出影片(M)... 命令，弹出"导出影片"对话框，如图 10.3.2 所示。

图 10.3.1　"导出"子菜单　　　　　　　　　图 10.3.2　"导出影片"对话框

（2）在 保存类型(T): 下拉列表中选择 动画 GIF (*.gif) 格式后，单击 保存(S) 按钮，会弹出如图 10.3.3 所示的"导出 GIF"对话框。

其对话框中的各选项含义如下：

1） 宽(W): 和 高(T): ：该选项用来设置要导出的位图图像的宽度和高度值。

2） 分辨率(R): ：该选项用来设置要导出的位图图像的分辨率，也可以单击 匹配屏幕(M) 按钮来使用屏幕分辨率。

3） 颜色(C): ：该选项用来设置要导出的位图图像的颜色数量。

4） ☑透明(T) ：选中此复选框后，透明 GIF 图像会去除文档背景颜色，只显示关键的图像内容。

5） ☑交错(L) ：选中此复选框后，当在网络上查看 GIF 图像时，交错图像会迅速地以低分辨率出现，然后在继续下载过程中再过渡到高分辨率。

6） ☑平滑(S) ：选中此复选框后，平滑处理可以消除 GIF 图像的锯齿。

7） ☑抖动纯色(D) ：选中此复选框后，通过抖动纯色处理，可以补偿当前色板中没有的颜色，该复选框对于有复杂混色或渐变色动画图像非常有用，但会使文件增大。

8） 动画(A): ：设置 GIF 动画重复播放次数，0 次表示一直不停地播放。

（3）单击 确定 按钮，将弹出"正在导出 GIF 动画"对话框，如图 10.3.4 所示。在此对话框中可以看出动画输入的进度，当"正在导出 GIF 动画"对话框自动关闭后，动画文件即可被导出到指定的磁盘位置。

图 10.3.3　"导出 GIF"对话框

图 10.3.4　"正在导出 GIF 动画"对话框

注意： 在将 Flash 影片输出为 GIF 动画时，图形有可能不清晰，用户可以在 Flash 中制作好动画，然后将其导出为 BMP 格式的位图序列文件，再使用第三方软件，如 ImageReady 将序列文件制作成 GIF 动画，这样就可以清晰地输出 GIF 动画。

10.4　发　布　动　画

要在编辑文件的基础上创建图像或影片，导出功能不是唯一的途径，使用发布设置命令也可以完成。默认情况下，使用 发布设置(G)... 命令可以创建 Flash SWF 播放文件并将 Flash 影片插入浏览器窗口中的 HTML 文件中。

Flash 能够发布为 7 种格式的文件。在发布之前，可选择 文件(F) → 发布设置(G)... 命令，在弹出的"发布设置"对话框中选择和指定所需格式。每选择一种格式类型，在对话框的上方将出现关于该类型的选项卡。本节将介绍几种常用的发布动画格式。

10.4.1　Flash 发布设置

下面通过发布一个 Flash 动画来帮助读者掌握发布 Flash 影片格式的方法，其具体操作步骤如下：

（1）选择菜单栏中的 文件(F) → 打开(O)... 命令，打开需要发布的 Flash 文档。

（2）选择菜单栏中的 文件(F) → 发布设置(G)... 命令，在弹出的"发布设置"对话框中选中 ☑ Flash （.swf）复选框，然后单击 Flash 标签，打开"Flash"选项卡，如图 10.4.1 所示。

（3）可以从 播放器(U): 下拉列表中选择一种播放器版本，如图 10.4.2 所示。

图 10.4.1　打开"Flash"选项卡　　　　　图 10.4.2　"播放器"下拉列表

（4）在 脚本(I): 下拉列表中可设置动作脚本的版本。

（5）要控制位图压缩，可拖动 JPEG 品质(Q): 滑块或输入一个值。图像品质越低，生成的文件就越小；反之，图像品质越高，生成的文件就越大。在发布时可尝试不同的设置，以确定文件大小和图像品质之间的最佳平衡点，当值为 100 时图像品质最佳，但压缩率也最少。

（6）如果影片中有声音，就要为影片中的所有音频流或事件声音设置采样率和压缩，可以单击 音频流(S): 和 音频事件(E): 选项后面的 设置... 按钮，然后在弹出的"声音设置"对话框中选择"压缩""比特率"和"品质"选项。

（7）选中 ☑ 覆盖声音设置 复选框，则使用 音频流(S): 和 音频事件(E): 中的设置来覆盖 Flash 文件中的声音设置。

（8）选中 ☑ 导出设备声音 复选框，Flash 将导出适合于各种设备（包括移动设备）的声音，而不是原始声音。

（9）选中 ☑ 压缩影片 复选框，将对生成的动画进行压缩，以减小文件。

（10）选中 ☑ 生成大小报告(R) 复选框，在发布动画的过程中，"输出"面板中将显示所生成的 Flash 影片文件中不同部分的字节数。

（11）选中 ☑ 防止导入(P) 复选框，如果将此 Flash 放置到网页上，它将不能够被下载。通过此方法可以防止他人从网页上下载用户的 Flash 影片，然后重新导入到 Flash 中，以窃取用户的劳动成果。

（12）选中 ☑ 省略 trace 动作(T) 复选框，将使 Flash 忽略动画中的 Trace 语句。

（13）选中 ☑ 允许调试 复选框，则可在 密码: 文本框中输入密码，以防止未授权用户调试 Flash 影片。如果添加了密码，那么其他人必须先输入密码才能调试影片，要删除密码，清除 密码: 文本框中的内容即可。

（14）设置好参数后，单击 发布 按钮，即可按设置发布 Flash 动画。

10.4.2　HTML 发布设置

在 Web 浏览器中播放 Flash 影片需要一个能激活此影片并指定浏览器设置的 HTML 文件，该文件会由 发布设置(G)… 命令通过模板文件中的 HTML 参数自动生成，模板文件可以是任何一种包含适当模板变量的文本文件，包括普通的 HTML 文件、包含特定解释器代码的文件或 Flash 随附的模板。将 Flash 动画以 HTML 文件格式发布的具体步骤如下：

（1）打开一个制作好的 Flash 影片，选择菜单栏中的 文件(F) → 发布设置(G)… 命令，在弹出的"发布设置"对话框中单击 HTML 标签，打开"HTML"选项卡，如图 10.4.3 所示。

（2）从 模板(T): 下拉列表中选择一个已经安装的模版，单击右侧的 信息 按钮，在弹出的"HTML 模板信息"对话框中会显示所选择模版的说明。如果没有选择模版，Flash 会使用 Default.html 模版。如果该模版不存在，Flash 会使用列表中的第一个模版，如图 10.4.4 所示。

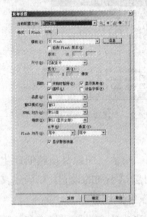

图 10.4.3　打开"HTML"选项卡　　　　图 10.4.4　"HTML 模板信息"对话框

（3）选中 检测 Flash 版本(R) 复选框，网页中的动画会自动检测浏览者使用的 Flash Player 播放器版本，并以浏览者的播放器版本播放影片。通常情况下，不需要选中此复选框。

（4）在 尺寸(D): 下拉列表中有 匹配影片 、像素 和 百分比 3 个选项，主要用于设置网页中影片的宽度和高度。

1）选择 匹配影片 选项（默认设置）将使用影片的大小。

2）选择 像素 选项可以在"宽度"和"高度"文本框中输入宽度和高度的像素值。

3）选择 百分比 选项，使用的浏览器窗口将与浏览器窗口的大小成指定的相对百分比。

（5）回放 选项区中的选项用来回放控制影片的播放和各种功能。

1）☑ 开始时暂停(P)：该选项会一直暂停播放影片，直到用户单击影片中的按钮或从快捷菜单中选择"播放"命令后才开始播放。默认情况下，该选项处于取消选中状态，影片一旦加载就立即开始播放（Play 参数值为 true）。

2）☑ 循环(L)：该选项将在影片到达最后一帧后，再重复播放。取消选中此选项会使影片到达最后一帧后停止播放（默认情况下，"循环"参数处于启动状态）。

3）☑ 显示菜单(M)：该选项会在用户单击鼠标右键（Windows）或按住"Ctrl"键单击影片时，显示一个快捷菜单。如果取消选中此选项，那么快捷菜单中就只有"关于 Flash"一项。默认情况下，此选项处于选中状态（Menu 参数为 true）。

4）☑ 设备字体(F)：选择该选项会用消除锯齿（边缘平滑）的系统字体替换未安装在用户系统

上的字体，这种情况只适用于 Windows 环境。使用设备字体可使小号字体清晰易辨，并能减小影片文件的大小。该选项只影响那些含有用设备字体显示的静态文本影片，静态文本就是在创作时创建并在影片播放时不会改变的文本。

　　（6）品质(Q)：下拉列表中的各种选项将在处理时间与应用消除锯齿功能之间确定一个平衡点，从而在将每一帧呈现给观众之前对其进行平滑处理，如图 10.4.5 所示。

　　1）低：主要考虑回放速度，基本不考虑外观，并且不使用消除锯齿功能。

　　2）自动降低：主要强调速度，但是也会尽可能改善外观。回放开始时，消除锯齿功能处于关闭状态。如果 Flash Player 检测到处理器可以处理消除锯齿功能，就会自动打开该功能。

　　3）自动升高：在开始时同等强调回放速度和外观，但在必要时会牺牲外观来保证回放速度。回放开始时，消除锯齿功能处于打开状态。如果实际帧频降到指定帧频之下，就会关闭消除锯齿功能以提高回放速度。

　　4）中等：此选项会应用一些消除锯齿功能，但并不会平滑位图。该设置生成的图像品质要高于"低"设置生成的图像品质，但低于"高"设置生成的图像品质。

　　5）高：（默认设置）主要考虑外观，基本不考虑回放速度，它始终使用消除锯齿功能。如果 SWF 文件不包含动画，则会对位图进行平滑处理；如果 SWF 文件包含动画，则不会对位图进行平滑处理。

　　6）最佳：提供最佳的显示品质，而不考虑回放速度。所有的输出都已消除锯齿，而且始终对位图进行光滑处理。

　　（7）窗口模式(Q)：用于设置影片同网页中其他内容的关系，其下拉列表中有窗口、不透明无窗口和透明无窗口 3 个选项。

　　1）窗口：影片的背景不透明，网页背景为网页默认的颜色。网页其他内容不能位于影片上方或下方。

　　2）不透明无窗口：影片的背景不透明，网页其他内容可以在影片下方移动，但不会穿过影片显示出来。

　　3）透明无窗口：影片的背景为透明，网页中的其他内容可以位于影片上方和下方，位于影片下方的网页其他内容可以穿过动画透明的位置显示出来。

　　（8）选择 HTML 对齐(A)：下拉列表中的选项，可以确定 Flash SWF 窗口在浏览器窗口中的位置，如图 10.4.6 所示。

图 10.4.5　"品质"下拉列表

图 10.4.6　"HTML 对齐"下拉列表

　　1）默认值：将影片置于浏览器窗口的中央，如果浏览器窗口小于影片窗口，则对影片的边缘进行剪切。

　　2）左对齐：将影片置于浏览器窗口的左侧，如果需要，剪切影片的上下和右侧部分。

　　3）右对齐：将影片置于浏览器窗口的右侧，如果需要，剪切影片的上下和左侧部分。

　　4）顶部：将影片置于浏览器窗口的最上方，如果需要，剪切影片的左右和下方部分。

　　5）底部：将影片置于浏览器窗口的最下方，如果需要，剪切影片的左右和上方部分。

　　（9）如果已经改变了文档的原始宽度和高度，选择一种 缩放(S)：选项可将 Flash 内容放到指定的边界内。

1) 默认(显示全部)：在指定的区域显示整个文档，并且保持 SWF 文件的原始高宽比，而不发生扭曲。应用程序的两侧可能会显示边框。

2) 无边框：该选项会对文档进行缩放，以使它填充指定的区域，并保持 SWF 文件的原始高宽比，同时不会发生扭曲，并根据需要裁剪 SWF 文件边缘。

3) 精确匹配：指在指定的区域显示整个文档，但不保持原始高宽比，因此可能会发生扭曲。

4) 无缩放：此选项将禁止文档在调整 Flash Player 窗口时，对其窗口的大小进行任意的缩放。

（10）选择一个 Flash 对齐(G)：选项，可设置如何在应用程序窗口内放置 Flash 内容以及在必要时如何裁剪它的边缘。

1) 对于 水平(H)：对齐，可选择"左对齐""居中"或"右对齐"。

2) 对于 垂直(V)：对齐，可选择"顶部""居中"或"底部"。

（11）选中 ☑ 显示警告消息 复选框，可在标记设置发生冲突时显示错误消息，例如在某个模板的代码引用了尚未指定的替代图像时。

（12）设置好参数后，单击 发布 按钮，即可按设置发布 Flash 动画。

10.4.3　GIF 发布设置

GIF 文件提供了一种简单的方法发布绘画和简单动画以供网页使用，标准 GIF 文件是一种简单的压缩位图。将 Flash 动画以 GIF 文件格式发布的具体操作步骤如下：

（1）打开一个制作好的 Flash 影片，选择菜单栏中的 文件(F) → 发布设置(G)… 命令，在弹出的"发布设置"对话框中选中 ☑ GIF 图像（.gif）复选框，然后单击 GIF 标签，打开"GIF"选项卡，如图 10.4.7 所示。

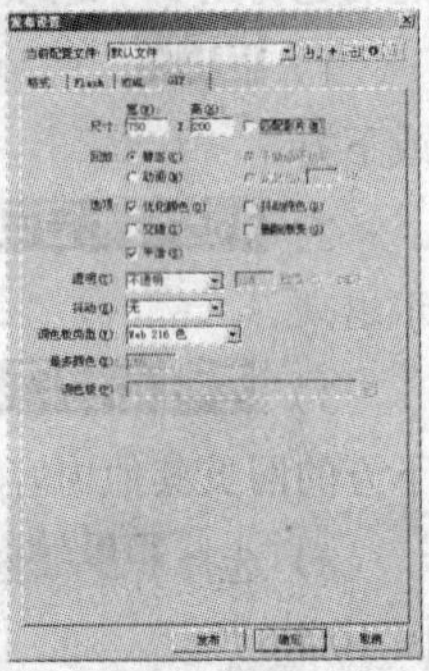

（2）在 尺寸：文本框中输入导出的位图图像的宽度和高度值（以像素为单位），或者选中 ☑ 匹配影片(M) 复选框使 GIF 和 Flash SWF 文件大小相同并保持原始图像的高宽比。

（3）在 回放：选项区中可以确定 Flash 创建的是静止图像还是 GIF 动画。如果选中 ⦿ 动画(N) 单选按钮，可选中 ⦿ 不断循环(L) 或输入重复次数。

（4）在 选项：选项区中可以指定导出的 GIF 文件的外观设置范围。

1) ☑ 优化颜色(O)：若选中该复选框，系统会从 GIF 文件的颜色表中删除不使用的颜色。这大概可以将 GIF 文件的尺寸减小约

图 10.4.7　打开"GIF"选项卡

1 000～1 500 字节，同时不损害图像质量，但可能会增加对内存的使用。需要注意的是，如果使用的是最适合调色板，这个选项是不起作用的。

2) ☑ 抖动纯色(D)：若选中该复选框，会抖动纯色和渐变颜色。

3) ☑ 交错(I)：该选项可以使输出的 GIF 图像在浏览器中边下载边显示。GIF 交错图像可以让用户在文件完全下载之前看到基本的图形内容，同时对于缓慢的网络而言也令下载速度加快。对 GIF 动画不可进行交错处理。

4) ☑ 删除渐变(G)：该选项可以将影片中所有的渐变色转换为纯色，所用纯色为渐变色的第一个颜色。渐变色往往会增加 GIF 图像的尺寸，而且常常造成图像质量下降。

5) ☑ 平滑(S)：该选项可以使输出位图消除锯齿或不消除锯齿。经过平滑处理可以产生高质量的位图图像，如果没有经过消除锯齿处理，文本的显示质量会相当差。经过消除锯齿处理后，那些

放在彩色背景之上的图像周围会出现一个灰色像素的光环，如果有这样的光环出现，或者用户正在创建准备放在一个彩色背景之上的透明 GIF 图像，那么在输出时不要进行平滑处理。

（5）在 透明(T): 选项区中可以确定应用程序背景的透明度以及将 Alpha 设置转换为 GIF 的方式。

1）不透明：选中该选项，会将背景变为纯色。

2）透明：选中该选项，会将背景变为透明。

3）Alpha ：选中该选项，令所有低于极限 Alpha 值的颜色都完全透明。Alpha 值高于极限值的颜色则保留。用户可以在右侧的 阈值 文本框中输入 0～255 之间的任意值，其中 128 相当于 50%的 Alpha 值。

（6）在 抖动(E): 选项区中可以指定如何组合可用颜色的像素以模拟当前调色板中不可用的颜色。抖动可以改善颜色品质，但是也会增加文件大小。

1）无 ：选中该选项，会关闭抖动，并用基本颜色表中最接近指定颜色的纯色替代该表中没有的颜色。如果关闭抖动，则产生的文件较小，但颜色不能令人满意。

2）有序：选中该选项，提供高品质的抖动，同时文件大小的增长幅度也最小。

3）扩散：选中该选项，提供最佳品质的抖动，但会增加文件大小并延长处理时间。而且，只有选定 Web 216 色调色板时才起作用。

（7）在 调色板类型(T): 选项区中可以定义图像的调色板。

1）Web 216 色 ：使用标准的 216 色浏览器安全色调色板来创建 GIF 图像。这个选项产生的图像质量良好，服务器的处理速度也最快。

2）最合适 ：分析图像中所用的颜色，为特定 GIF 图像创建一个独特的调色板。这个选项可以为图像创建最精确的颜色，但最后的文件尺寸较上边选项要大。用户可以通过减少调色板上的颜色数来减小文件尺寸。最合适调色板在系统显示百万种以上颜色时工作表现最佳。

3）接近 Web 最适色 ：同最合适调色板选项一样，但此选项会将近似的颜色转为网络 216 色调色板。最后用于图像的调色板是经过优化的，但是如果可能，Flash 还是使用 Web 216 色。如果在 256 色系统上使用 Web 216 色调色板会产生较好的颜色效果。

4）自定义 ：允许用户指定为当前图像优化过的调色板。此选项对图像的处理速度同 Web 216 色调色板是一样的。要想使用此选项，用户首先必须熟悉如何创建和使用自定义调色板。要选择一个自定义调色板，单击 调色板(P): 文本框右侧的"浏览"按钮，可以选择一个调色板文件。

（8）如果所设置的调色板类型为 最合适 或 接近 Web 最适色 调色板，可输入 最多颜色(X): 的值来设置 GIF 图像中使用的颜色数量。选择的颜色数量较少，则生成文件也较小，但可能会降低图像的颜色品质。

（9）设置好参数后，单击 发布 按钮，即可按设置发布 Flash 动画。

10.4.4　JPEG 发布设置

JPEG 格式能将图像保存为高压缩比的 24 位位图。通常 GIF 格式对于导出线条绘画效果较好，而 JPEG 格式更适合显示包含连续色调（如照片、渐变色或嵌入位图）的图像。除非输入帧标签来标记要导出的其他关键帧，否则 Flash 会把 SWF 文件的第一帧导出为 JPEG。将 Flash 动画以 JPEG 文件格式发布的具体操作步骤如下：

（1）打开一个制作好的 Flash 影片，选择菜单栏中的 文件(F) → 发布设置(G)... 命令，在弹出的"发布设置"对话框中选中 ☑ JPEG 图像（.jpg）复选框，然后单击 JPEG 标签，打开"JPEG"选项卡，如图 10.4.8 所示。

（2）在 尺寸: 文本框中输入导出的位图图像的宽度和高度值（以像素为单位），或者选中 ☑匹配影片(M) 复选框使 JPEG 图像和舞台大小相同并保持原始图像的高宽比。

（3）拖动 品质(Q): 动滑块或在其文本框中输入一个值，可控制 JPEG 文件的压缩量。图像品质越低则文件越小，反之亦然。

（4）选中 ☑渐进(P) 复选框，可在 Web 浏览器中逐步显示渐进的 JPEG 图像，因此可在低速网络连接上以较快的速度显示加载的图像。此选项类似于 GIF 和 PNG 图像中的交错选项。

图 10.4.8　打开 "GIF" 选项卡

（5）设置好参数后，单击 发布 按钮，即可按设置发布 Flash 动画。

本 章 小 结

本章主要介绍了 Flash 动画的发布，包括 Flash 作品的测试、优化、导出、发布的一般过程。通过本章的学习，读者应在自己的创作过程中注意对作品的优化和测试，尽量使用 Flash 自带的优化功能对作品作出调整。

习 题 十

一、填空题

1. 在_____过程中，Flash 会自动检查动画中相同的图形并将多余的去掉，把嵌套的组对象变为单一的组对象。

2. 直接在影片编辑环境下按_____键，即可进行简单测试。

3. 在发布动画之前，用户可以在_____对话框中设置发布选项。

二、选择题

1. 在默认情况下，只能将 Flash 动画发布为（　　）格式的文档。
　（A）SWF　　　　　　（B）HTML　　　　　　（C）GIF　　　　　　（D）JPEG

2. 选择（　　）命令下的子命令可以设置调制解调器的速度。
　（A）帧数图表(F)　　　　　　　　　　　　（B）下载设置(D)
　（C）发布设置(G)...　　　　　　　　　　　（D）带宽设置(B)

三、简答题

1. 优化对象包括哪几个方面？

2. 简述导出和发布动画的方法。

四、上机操作题

练习使用本章所学的知识，将制作好的 Flash 作品发布为 GIF 和 JPEG 格式。

第 11 章　行业应用实例

通过对前面章节的学习，相信读者已经掌握了 Flash CS5 的基本功能和操作，但是学习的最终目的是将其应用到实践中。本章将介绍几个 Flash 中典型实例的制作方法，通过对这些实例的学习，可以使读者更加深入地了解 Flash CS5 的功能及动画制作的技巧。

教学目标

（1）制作招商广告。
（2）制作企业片头广告。
（3）制作电子台历。
（4）制作网站。

实例 1　制作招商广告

1．实例分析

本例将制作招商广告，最终效果如图 11.1.1 所示。在制作过程中，将用到矩形工具、选择工具、文本工具、渐变变形工具以及任意变形工具等。

图 11.1.1　最终效果图

2．操作步骤

（1）启动 Flash CS5 应用程序，新建一个 Flash 文档。

（2）按"Ctrl+J"键，弹出"文档设置"对话框，设置其对话框参数如图 11.1.2 所示。设置好参数后，单击 确定 按钮。

（3）单击工具箱中的"矩形工具"按钮 ，在舞台中绘制一个与舞台大小相等的矩形。

（4）选择 窗口(W) → 颜色(C) 命令，打开颜色面板，设置其面板参数如图 11.1.3 所示。

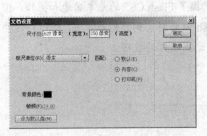

图 11.1.2　"文档设置"对话框　　　　　　　图 11.1.3　颜色面板

（5）单击工具箱中的"颜料桶工具"按钮 ，填充舞台中的矩形，效果如图 11.1.4 所示。

（6）单击工具箱中的"渐变变形工具"按钮 ，调整矩形渐变填充色的方向和角度，效果如图 11.1.5 所示。

图 11.1.4　填充矩形　　　　　　　图 11.1.5　调整矩形渐变填充色的方向和角度

（7）选中图层 1 中的第 45 帧，按"F5"键插入普通帧。

（8）单击时间轴面板中的"新建图层"按钮 ，新建图层 2。

（9）选择 文件(F) → 导入(I) → 导入到舞台(I)... 命令，导入一幅转盘图片，并使用工具箱中的任意变形工具 调整其大小及位置，效果如图 11.1.6 所示。

（10）选中图层 2 中第 1 帧，按"F8"键，弹出"转换为元件"对话框，设置其对话框参数如图 11.1.7 所示。设置好参数后，单击 确定 按钮。

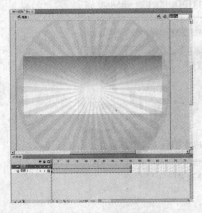 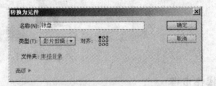

图 11.1.6　导入并调整图片　　　　　　　图 11.1.7　"转换为元件"对话框

（11）将图层 2 中的第 45 帧转换为关键帧，然后单击该帧上的实例，在其属性面板中为其添加 **色调** 样式，设置其面板参数如图 11.1.8 所示。

（12）在图层 2 中的第 1 帧至第 45 帧间的任意一帧上单击鼠标右键，从弹出的快捷菜单中选择 **创建传统补间** 命令，创建一段颜色渐变旋转动画，效果如图 11.1.9 所示。

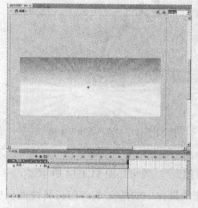

图 11.1.8 设置"色调"参数　　　　　图 11.1.9 创建颜色渐变旋转动画

（13）新建图层 3，在该图层的第 15 帧处插入关键帧，然后按"Ctrl+R"键导入一幅房屋图片，并按"F8"键将其转换为图形元件，效果如图 11.1.10 所示。

（14）将图层 3 的第 45 帧转换为关键帧，然后选中第 15 帧上的实例，在其属性面板中将其 Alpha 值设置为"0%"。

（15）在图层 3 的第 15 帧至第 45 帧间的任意一帧上单击鼠标右键，从弹出的快捷菜单中选择 **创建传统补间** 命令，创建一段渐隐动画，效果如图 11.1.11 所示。

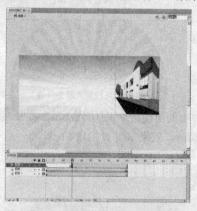
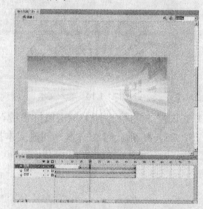

图 11.1.10 创建"房屋"实例　　　　　图 11.1.11 创建渐隐动画

（16）新建图层 4，重复步骤（13）的操作，导入一幅人物图片，并将其转换为图形元件，效果如图 11.1.12 所示。

（17）将图层 4 的第 45 帧转换为关键帧，然后选中第 1 帧上的实例，在其属性面板中设置 Alpha 值为"20%"。

（18）重复步骤（15）的操作，在图层 4 的第 1 帧至第 45 帧间创建一段渐隐动画，效果如图 11.1.13 所示。

（19）新建图层 5，在该图层的第 5 帧处插入关键帧。

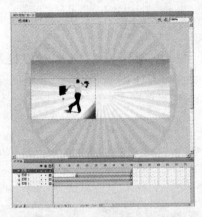

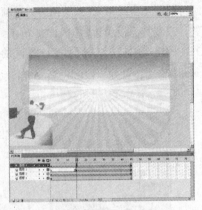

图 11.1.12　创建"人物"实例　　　　　　　　图 11.1.13　创建渐隐动画

（20）单击工具箱中的"文本工具"按钮 T ，在属性面板中设置好字体与字号后，在舞台中输入文本"隆重招商"，效果如图 11.1.14 所示。

（21）选中舞台中的的文本，在其属性面板中为其添加 渐变斜角 滤镜效果，设置其参数如图 11.1.15 所示。添加渐变斜角滤镜后的效果如图 11.1.16 所示。

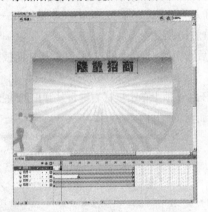

图 11.1.14　输入文本　　　　　　　　图 11.1.15　设置"渐变斜角"滤镜参数

（22）在图层 5 的第 5 帧上单击鼠标右键，从弹出的快捷菜单中选择 创建补间动画 命令，然后分别在第 15，25，35 帧上移动文本，创建文本摇摆动画，效果如图 11.1.17 所示。

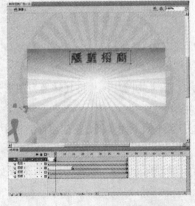

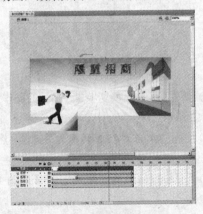

图 11.1.16　为文本添加渐变斜角滤镜效果　　　　　图 11.1.17　创建文本摇摆动画

（23）新建图层 6，单击工具箱中的"文本工具"按钮 T，在属性面板中设置文本的字体为"长城新艺体"、字号为"15"。

（24）设置好参数后，在舞台中输入商家的名称，并将其转换为元件，如图 11.1.18 所示。

（25）将图层 6 的第 45 帧转换为关键帧，然后在其属性面板中为文本实例添加 色调 样式，设置其面板参数如图 11.1.19 所示。

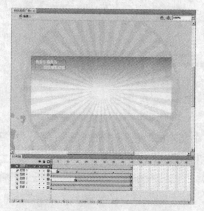
图 11.1.18　转换文本为图形元件

图 11.1.19　设置"色调"样式

（26）单击工具箱中的"任意变形工具"按钮 ，按住"Shift"键调整图层 6 第 45 帧上实例的大小，效果如图 11.1.20 所示。

（27）重复步骤（15）的操作，在图层 6 的第 1 帧至第 45 帧间创建一段文本变形动画，效果如图 11.1.21 所示。

图 11.1.20　调整实例大小

图 11.1.21　创建文本变形动画

（28）选中图层 6 中变形动画上的任意一种，在其属性面板中设置 缓动: 为"50"、旋转: 为"自动"。

（29）新建图层 7，单击工具箱中的"文本工具"按钮 T，设置其属性面板参数如图 11.1.22 所示。

（30）使用文本工具在舞台中输入联系方式，然后在其属性面板中更改第 1 个文本的颜色为"红色"、字号为"35"，效果如图 11.1.23 所示。

（31）在图层 6 的第 4 帧处插入关键帧，然后更改第 2 个文本的颜色为"蓝色"、字号为"35"，更改第 1 个文本的字号为"21"，效果如图 11.1.24 所示。

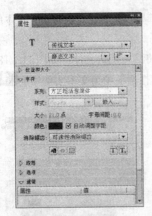

图 11.1.22 设置文本属性

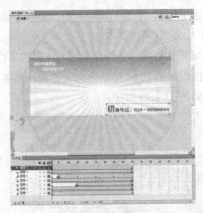

图 11.1.23 输入并更改文本属性

（32）在第 7 帧处插入关键帧，然后更改第 3 个文本的颜色为"桃红色"、字号为"35"，更改第 2 个文本的字号为"21"、字体颜色为"红色"，效果如图 11.1.25 所示。

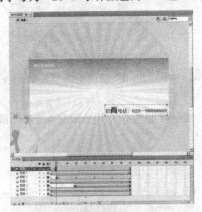

图 11.1.24 第 4 帧上的文本

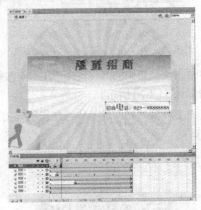

图 11.1.25 第 7 帧上的文本

（33）重复步骤（32）的操作，分别在图层 6 上隔两帧插入一个关键帧，并更改各关键帧上文本的颜色和字号，直至更改到最后一个号码，效果如图 11.1.26 所示。

（34）将图层 6 中的第 45 帧转换为关键帧，然后在其属性面板中设置最后一个号码的颜色为"红色"、字号为"21"，效果如图 11.1.27 所示。

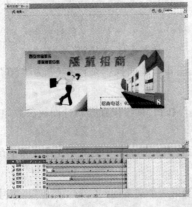

图 11.1.26 第 43 帧上的文本

图 11.1.27 第 45 帧上的文本

（35）按"Ctrl+Enter"键测试动画，最终效果如图 11.1.1 所示。

实例2　制作企业片头广告

1．实例分析

本例将制作企业片头广告，最终效果如图 11.2.1 所示。在制作过程中，将用到钢笔工具、椭圆工具、刷子工具、文本工具、任意变形工具、遮罩层以及滤镜等。

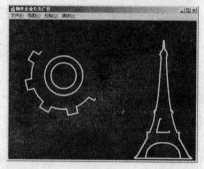

图 11.2.1　最终效果图

2．操作步骤

（1）启动 Flash CS5 应用程序，新建一个 Flash 文档。

（2）按"Ctrl+J"键，弹出"文档属性"对话框，设置其对话框参数如图 11.2.2 所示。设置好参数后，单击　确定　按钮。

（3）选中图层 1 中的第 10 帧，按"F6"键插入关键帧。

（4）单击工具箱中的"钢笔工具"按钮，设置其属性面板参数如图 11.2.3 所示。

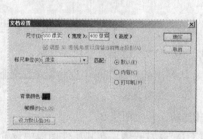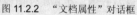

图 11.2.2　"文档属性"对话框　　　　图 11.2.3　"钢笔工具"属性面板

（5）设置好参数后，在舞台中绘制一个如图 11.2.4 所示的图形。

（6）单击时间轴面板中的"新建图层"按钮，新建图层 2。

（7）在图层 2 上的第 10 帧上单击鼠标右键，从弹出的快捷菜单中选择 转换为关键帧 命令，将第 10 帧转换为关键帧。

（8）单击工具箱中的"刷子工具"按钮，在舞台中的线条的一端绘制图形，使其覆盖线条的一小部分，效果如图 11.2.5 所示。

图 11.2.4　绘制的海港轮廓　　　　　　　　　图 11.2.5　在第 10 帧中绘制图形

（9）分别选中图层 1 和图层 2 中的第 46 帧，按"F5"键插入普通帧。

（10）在图层 2 的第 11 帧上插入关键帧，然后在该帧中使用刷子工具绘制图形，与步骤（8）中绘制的图形拼接在一起，效果如图 11.2.6 所示。

（11）继续插入第 12 帧、第 13 帧……并绘制相应图形，直至在第 40 帧中绘制的图形覆盖整个线条，效果如图 11.2.7 所示。

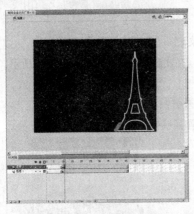

图 11.2.6　第 11 帧中的图形　　　　　　　　图 11.2.7　第 40 帧中的图形

（12）分别选中图层 1 和图层 2 中的第 47 帧，按"F7"键插入空白关键帧。

（13）在层操作区的图层 2 上单击鼠标右键，从弹出的快捷菜单中选择 遮罩层 命令，创建一段遮罩动画，效果如图 11.2.8 所示。

（14）单击时间轴面板中的"新建图层"按钮 ，新建图层 2。

（15）新建图层 3，单击工具箱中的"椭圆工具"按钮 ，在其属性面板中设置椭圆笔触大小为"4"、笔触颜色为"黄色"、样式为"实线"。

（16）设置好参数后，按住"Shift"键的同时，在舞台中绘制 2 个同心圆，效果如图 11.2.9 所示。

（17）单击工具箱中的"钢笔工具"按钮 ，结合工具箱中的部分选择工具 在舞台中绘制齿轮的外轮廓，效果如图 11.2.10 所示。

（18）在图层 3 上的第 47 帧上单击鼠标右键，从弹出的快捷菜单中选择 转换为空白关键帧 命令，将第 47 帧转换为空白关键帧。

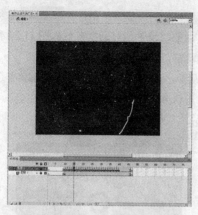

图 11.2.8　创建遮罩动画

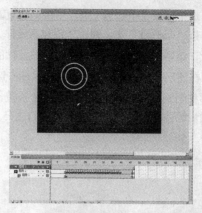

图 11.2.9　绘制同心圆

（19）新建图层 4，使用刷子工具在齿轮轮廓上的最内部圆中绘制图形，使其覆盖圆的一小部分，效果如图 11.2.11 所示。

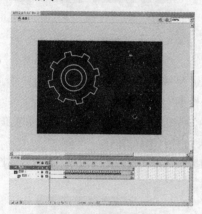

图 11.2.10　绘制齿轮轮廓

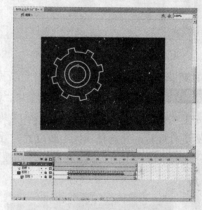

图 11.2.11　第 1 帧中的图形

（20）重复步骤（8）～（11）的操作，在各关键帧上绘制相应的图形，直至在第 46 帧中绘制的图形覆盖整个齿轮轮廓，效果如图 11.2.12 所示。

（21）分别将图层 3 和图层 4 中的第 47 帧转换为空白关键帧，然后重复步骤（13）的操作，创建一段遮罩动画，效果如图 11.2.8 所示。

图 11.2.12　第 46 帧的图形

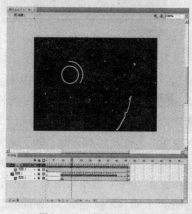

图 11.2.13　创建遮罩层动画

（22）选中图层 3 中的第 1 帧，单击鼠标右键，从弹出的快捷菜单中选择 复制帧 命令。

（23）按"Ctrl+F8"键，弹出"创建新元件"对话框，设置其对话框参数如图 11.2.14 所示。设置好参数后，单击 确定 按钮，进入该元件的编辑窗口。

（24）在图层 1 的空白关键帧上单击鼠标右键，从弹出的快捷菜单中选择 粘贴帧 命令，将绘制的齿轮轮廓粘贴到舞台中，并设置填充色为橘黄色，然后单击工具箱中的"颜料桶工具"按钮，对舞台中的齿轮图形进行填充，效果如图 11.2.15 所示。

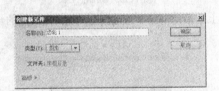

　图 11.2.14　"创建新元件"对话框　　　　　　　图 11.2.15　复制并填充齿轮

（25）重复步骤（23）的操作，创建一个名称为"齿轮 2"的影片剪辑，然后选择菜单栏中的 窗口(W) → 库(L) 命令，从打开的库面板中将"齿轮 1"实例拖曳到到舞台中。

（26）按住"Alt"键，拖曳出一个"齿轮 1"实例副本，然后使用工具箱中的任意变形工具 对其中一个实例进行旋转，并调整其大小及位置，效果如图 11.2.16 所示。

（27）分别选中舞台中的实例，在其属性面板中为实例添加投影滤镜效果，设置其属性面板参数如图 11.2.17 所示。

　图 11.2.16　复制并变形实例效果　　　　　图 11.2.17　设置"投影"滤镜参数

（28）单击 场景 1 按钮，返回主场景。然后新建图层 5，在该图层的第 47 帧处按"F6"键插入关键帧，再从打开的库面板中将创建的"齿轮 2"影片剪辑元件拖曳到舞台中。

（29）选中图层 5 的第 57 帧，按"F6"键插入关键帧，效果如图 11.2.18 所示。

（30）选中第 47 帧上的实例，在其属性面板中设置其长和宽都为"1"，并在其"样式"下拉列表中设置 Alpha 值为"0%"，效果如图 11.2.19 所示。

（31）在图层 5 第 47 帧至第 57 帧间的任意一帧上单击鼠标右键，从弹出的快捷菜单中选择 创建传统补间 命令，创建一段变形动画，并在第 70 帧处插入普通帧。

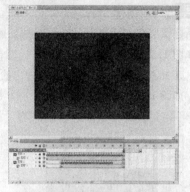

图 11.2.18 图层 5 第 57 帧中的实例　　　图 11.2.19 图层 5 第 47 帧中的实例

（32）新建图层 6，在该图层的第 57 帧处插入关键帧。

（33）单击工具箱中的"文本工具"按钮 T，在属性面板中设置好字体与字号后，在舞台中输入公司名称，效果如图 11.2.20 所示。

（34）选中输入的文本，在其属性面板中为文本添加 渐变斜角 和 发光 滤镜效果，设置其属性参数如图 11.2.21 所示。添加滤镜后的文本效果如图 11.2.22 所示。

图 11.2.20 输入文本效果　　　图 11.2.21 设置"渐变斜角"和"发光"滤镜参数

（35）选中图层 6 中的第 69 帧，按"F6"键插入关键帧。

（36）选中图层 6 中的 57 帧，按住"Shift"键使用任意变形工具 缩小文本，如图 11.2.23 所示。

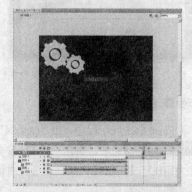

图 11.2.22 为文本添加滤镜后的效果　　　图 11.2.23 缩小文本效果

（37）在图层 6 的第 57 帧至第 69 帧间的任意一帧上单击鼠标右键，从弹出的快捷菜单中选择

创建传统补间 命令，创建一段动画。

（38）新建图层 7，在该图层的第 70 帧处插入关键帧，然后使用文本工具在舞台中输入公司的联系方式，如图 11.2.24 所示。

（39）在第 70 帧上单击鼠标右键，从弹出的快捷菜单中选择 动作 命令，在打开的动作面板中输入脚本语句，如图 11.2.25 所示。

图 11.2.24 输入联系方式

图 11.2.25 添加脚本语句

（40）按"Ctrl+Enter"键测试动画，最终效果如图 11.2.1 所示。

实例 3 制作电子台历

1. 实例分析

本例将制作电子台历，最终效果如图 11.3.1 所示。在制作过程中，将用到文本工具、矩形工具、任意变形工具、渐变变形工具、滤镜以及动作脚本语句等。

图 11.3.1 最终效果图

2. 操作步骤

（1）启动 Flash CS5 应用程序，按"Ctrl+N"键，弹出"新建文档"对话框，在 类型(T): 列表框中选择 ActionScript 2.0 选项，新建一个 Flash 文档。

（2）按"Ctrl+J"键，弹出"文档设置"对话框，设置其对话框参数如图 11.3.2 所示。设置好参数后，单击 确定 按钮。

（3）按"Ctrl+F8"键，弹出"创建新元件"对话框，设置其对话框参数如图 11.3.3 所示。设置好参数后，单击 确定 按钮，进入该元件的编辑窗口。

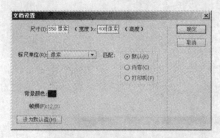

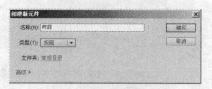

图 11.3.2 "文档设置"对话框　　　　图 11.3.3 "创建新元件"对话框

（4）单击工具箱中的"矩形工具"按钮，在属性面板中设置笔触颜色为"无"、填充颜色为"黑色"，然后按住"Shift"键，在舞台中绘制一个正方形，效果如图 11.3.4 所示。

（5）单击工具箱中的"选择工具"按钮，分别拖动左侧的两个顶点到左边线的中心位置，调整正方形成为一个如图 11.3.5 所示的等边三角形，选中帧，按"F5"键插入帧。

图 11.3.4 绘制正方形　　　　　　图 11.3.5 调整正方形

（6）重复步骤（3）～（5）的操作，创建"向后"元件并在其中绘制一个方向相反的三角形，如图 11.3.6 所示。

（7）按"Ctrl+F8"键，弹出"创建新元件"对话框，设置其对话框参数如图 11.3.7 所示。设置好参数后，单击　确定　按钮，进入该元件的编辑窗口。

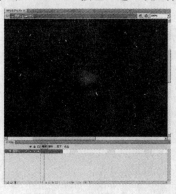

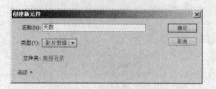

图 11.3.6 "向后"元件　　　　　　图 11.3.7 "创建新元件"对话框

（8）单击工具箱中的"文本工具"按钮，在舞台中拖曳出一个文本框，然后选中文本框，设置其属性面板参数如图 11.3.8 所示。

（9）按"Ctrl+F8"键，弹出"创建新元件"对话框，设置其对话框参数如图 11.3.9 所示。设置好参数后，单击　确定　按钮，进入该元件的编辑窗口。

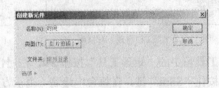

图 11.3.8　创建动态文本框并输入变量名　　　图 11.3.9　"创建新元件"对话框

（10）单击工具箱中的"文本工具"按钮 T，设置其属性面板参数如图 11.3.10 所示。

（11）设置好参数后，在舞台中拖出一个动态文本框，并在属性面板的 变量:文本框中输入字符 "time"。

（12）选中图层 1 的第 1 帧，单击鼠标右键，在弹出的快捷菜单中选择 动作 命令，打开动作面板，添加以下动作脚本语句：

```
time = new Date();
hour = time.getHours();
minute = time.getMinutes();
second = time.getSeconds();
if (minute <10) {
minute = "0"+minute;
}
if(second<10) {
second = "0"+second;
}
time = hour+":"+minute+":"+second;
```

（13）单击工具箱中的"矩形工具"按钮 ，设置其面板参数如图 11.3.11 所示。

图 11.3.10　设置文本属性　　　　　　图 11.3.11　设置矩形属性

（14）设置好面板参数后，在舞台中绘制 2 个矩形，并在第一个矩形框中输入静态文本"时间："，然后选中第 2 帧，按"F5"键插入帧，效果如图 11.3.12 所示。

（15）按"Ctrl+F8"键，弹出"创建新元件"对话框，设置其对话框参数如图 11.3.13 所示。设置好参数后，单击　确定　按钮，进入该元件的编辑窗口。

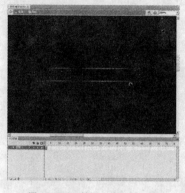 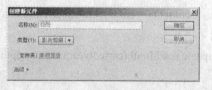

图 11.3.12　输入文本并插入帧　　　　　　　　图 11.3.13　"创建新元件"对话框

（16）单击时间轴面板中的"新建图层"按钮，新建一个名为"年月份"的图层。

（17）单击工具箱中的"文本工具"按钮，设置其属性面板参数如图 11.3.14 所示。

（18）设置好参数后，在舞台中拖出两个动态文本框，并输入文字"年份"和"月份"，如图 11.3.15 所示。

图 11.3.14　设置文本属性　　　　　　　　　　图 11.3.15　输入文本

（19）分别选中两个动态文本框，在属性面板中的 变量: 文本框中依次输入字符"currentyear"和"cnmonth"。

（20）按"F11"键，从打开的库面板中将"向前"按钮和"向后"按钮拖曳到动态文本框的两侧，效果如图 11.3.16 所示。

（21）右键单击"年份"前面的按钮，在弹出的快捷菜单中选择 动作 命令，打开动作面板，添加以下动作脚本语句：

```
on (release) {
    currentyear--;
    updateYearMonth(currentyear, currentmonth);
}
```

（22）为"年份"后面的按钮添加动作脚本语句。

```
on (release) {
    currentyear++;
```

```
    updateYearMonth(currentyear,currentmonth);
}
```

（23）为"月份"前面的按钮添加动作脚本语句。

```
on (release) {
    //月份递减 1
    if (currentmonth>0) {
        currentmonth--;
        cnmonth = cnfullmonths[currentmonth];
    }
    updateYearMonth(currentyear,currentmonth);
}
```

（24）为"月份"后面的按钮添加动作脚本语句。

```
on (release) {
    //月份递增 1
    if (currentmonth<11) {
        currentmonth++;
        cnmonth = cnfullmonths[currentmonth];
    }
    updateYearMonth(currentyear, currentmonth);
}
```

（25）单击时间轴面板中的"新建图层"按钮 ，新建一个名为"星期"的图层。

（26）单击工具箱中的"文本工具"按钮 ，设置其属性面板参数如图 11.3.17 所示。

图 11.3.16　输入文本　　　　　　　图 11.3.17　设置文本属性

（27）设置好参数后，在舞台中输入文本，效果如图 11.3.18 所示。

（28）单击时间轴面板中的"新建图层"按钮 ，新建一个名为"天数"的图层。

（29）从库面板中拖动"天数"元件到舞台中，按住"Alt"键拖曳出 36 个"天数"实例副本，并排列其位置，效果如图 11.3.19 所示。

（30）依次选中复制的 36 个"天数"实例，在属性面板的"实例名称"文本框中输入字符"d1""d2"…"d36"。

图 11.3.18 输入星期

图 11.3.19 复制并排列 "天数" 实例

（31）选中 "天数" 图层，单击时间轴面板中的 "新建图层" 按钮 ，新建一个名为 "动作" 的图层。

（32）选中 "动作" 图层的第 1 帧，单击鼠标右键，在弹出的快捷菜单中选择 动作 命令，打开动作面板，添加以下动作脚本语句：

```
//创见中文月份数组
cnfullmonths= new Array("一月","二月","三月","四月","五月","六月","七月","八月","九月","十月","十一月","十二月");
//创建日期对象,取当前年月日
todaydate = new Date();
currentyear = todaydate.getFullYear();
currentmonth = todaydate.getMonth();
currentday = todaydate.getDate();
//确定当年当月第一天的周日，得到每月前面的 "空日"
GivenDate1 = new Date(currentyear,currentmonth,1);
BlankDay = GivenDate1.getDay();
//访问中文月份数组，把用数字表示的月份转换为用中文表示的月份
cnmonth = cnfullmonths[currentmonth];
//调用显示月历函数
updateYearMonth(currentyear,currentmonth);
//调用突出显示当前日函数
highlightCurrentDay(currentday+BlankDay);
//显示月历
function updateYearMonth(current_year, current_month) {
    daysinmonth = leapYear(current_year);
    numberofdays =daysinmonth[current_month];
    clearDaysNumber();
    GivenDate = new Date(current_year, current_month,1);
    monthnumber = current_month+1;
    weekdayOfFirstDay = GivenDate.getDay();
```

```
        numberofdays = numberofdays+weekdayOfFirstDay;
        displayDayNumbers(weekdayOfFirstDay,numberofdays);
}
//清除日号数，重置所有显示日号数的文本框为黑色
function clearDaysNumber() {
    //总共设置了 37 个显示日号数的文本框(d0～d36)
    for (x=0; x<38; x++) {
        g = "d"+x;
        eval(g).daynum= "";
        todayColor = new Color(eval(g));
        todayColor.setRGB(0x000000);
    }
}
//判断给定年份是否是闰年:是,2 月 29 天;否，2 月 28 天
function leapYear(year) {
    days_in_month = new Array(31,28,31,30,31,30,31,31,30,31,30,31);
    //能被 4 整除且不能被 100 整除或年份能被 400 整除的年份是闰年
    if ((year%4 == 0) && (year%100<>0) || (year%400 == 0)) {
        days_in_month.splice(1,1,29);
    } else {
        days_in_month.splice(1,1,28);
    }
    return days_in_month;
}
// 显示日号数
function displayDayNumbers(weekday_of_firstday, number_of_days) {
    //初始化日号数
    day_number =1;
    //循环显示日号数
    while (weekday_of_firstday<number_of_days) {
        //显示日号数的影片剪辑实例名是 d0～d36;
        g = "d"+weekday_of_firstday;
        //显示日号数的文本框变量为 daynum
        eval(g).daynum= this.day_number;
        //控制周日的变量递增 1
        weekday_of_firstday = weekday_of_firstday+1;
        //日号数递增 1
        day_number = day_number+1;
    }
```

```
}
//突出显示当前日
function highlightCurrentDay(day) {
    //因文本框实例名从 d0 开始，需－1 才能与日对应
    day = day-1;
    g = "d"+day;
    todayColor = new Color(eval(g));
    todayColor.setRGB(0x00ff00);
}
```

（33）添加动作脚本语句后的动画面板如图 11.3.20 所示。

（34）单击时间轴面板中的"新建图层"按钮，新建一个名为"时间"的图层。

（35）从库面板中拖动"时间"实例到舞台中，效果如图 11.3.21 所示。

图 11.3.20　输入脚本语句

图 11.3.21　拖入"时间"实例

（36）单击 场景 1 按钮，返回主场景。选择菜单栏中的 窗口(W) → 颜色(C) 命令，在打开的颜色面板中设置第 1 个色标值为"#A4938B"，第 2 个色标值为"#E2CFC9"。

（37）单击工具箱中的"矩形工具"按钮，设置其属性面板参数如图 11.3.22 所示。

（38）设置好参数后，在舞台中绘制一个圆角矩形，并使用渐变变形工具调整渐变填充的方向和角度，效果如图 11.3.23 所示。

图 11.3.22　设置矩形属性

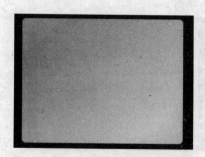
图 11.3.23　绘制并填充圆角矩形

（39）选中绘制的矩形，按"F8"键将其转换为影片剪辑，然后在属性面板中为该实例添加渐变斜角滤镜效果，设置其面板参数如图 11.3.24 所示。添加渐变斜角滤镜后的效果如图 11.3.25 所示。

图 11.3.24 设置"渐变斜角"滤镜参数　　　　图 11.3.25 添加渐变斜角滤镜效果

（40）复制一个矩形实例副本，按住"Shift"键，使用任意变形工具将其缩小一定的大小，然后为其添加斜角滤镜效果，设置其属性参数如图 11.3.26 所示。为实例副本添加斜角滤镜后的效果如图 11.3.27 所示。

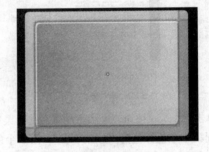

图 11.3.26 设置"斜角"滤镜参数　　　　图 11.3.27 添加斜角滤镜效果

（41）按"Ctrl+R"键导入一幅图片，并使用任意变形工具调整其大小及位置，效果如图 11.3.28 所示。

（42）新建图层 2，从库面板中将创建的"日历"影片剪辑拖曳到舞台中，并调整其大小及位置，效果如图 11.3.29 所示。

图 11.3.28 导入背景图片　　　　图 11.3.29 拖入"日历"实例

（43）按"Ctrl+Enter"键测试动画，最终效果如图 11.3.1 所示。

实例 4 制 作 网 站

1．实例分析

本例将制作瑜伽网站，最终效果如图 11.4.1 所示。在制作过程中，将用到文本工具、矩形工具、椭圆工具、线条工具以及遮罩命令等。

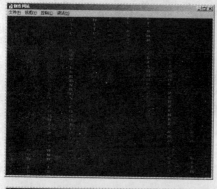 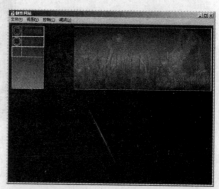

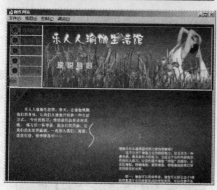 

图 11.4.1 最终效果图

2．操作步骤

（1）启动 Flash CS5 应用程序，新建一个 Flash 文档。

（2）按"Ctrl+J"键，弹出"文档设置"对话框，设置其对话框参数如图 11.4.2 所示。设置好参数后，单击 确定 按钮。

（3）按"Ctrl+F8"键，弹出"创建新元件"对话框，设置其对话框参数如图 11.4.3 所示。设置好参数后，单击 确定 按钮，进入该元件的编辑窗口。

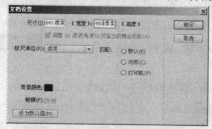 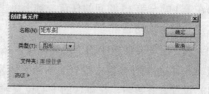

图 11.4.2 "文档设置"对话框　　　　　　图 11.4.3 "创建新元件"对话框

（4）选择菜单栏中的 窗口(W) → 颜色(C) 命令，打开颜色面板，设置其属性参数如图 11.4.4 所示。

（5）单击工具箱中的"矩形工具"按钮，在舞台中绘制一个宽为"16"、高为"670"的矩形条，效果如图 11.4.5 所示。

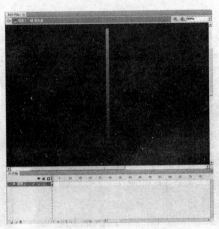

图 11.4.4　颜色面板　　　　　　　　　　图 11.4.5　绘制矩形条

（6）单击工具箱中的"渐变变形工具"按钮，调整渐变填充的方向和角度，效果如图 11.4.6 所示。

（7）重复步骤（3）的操作，创建一个名称为"闪字"的影片剪辑元件，然后按"F9"键，从打开的库面板中将创建的"矩形条"图形元件拖曳到舞台的中心点的上方，效果如图 11.4.7 所示。

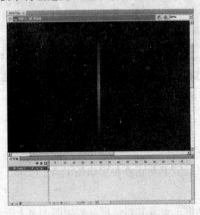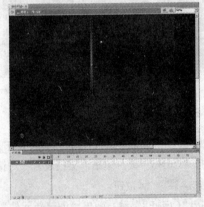

图 11.4.6　调整矩形渐变填充效果　　　　图 11.4.7　拖入"矩形条"实例

（8）在编辑栏中将主场景的显示比例设置为"50%"，然后在图层 1 的第 15 帧处插入关键帧，再按住"Shift"键将舞台中的"矩形条"实例垂直向下拖曳一定的距离，效果如图 11.4.8 所示。

（9）在第 1 帧至第 15 帧间的任意一帧上单击鼠标右键，从弹出的快捷菜单中选择 创建传统补间 命令，创建一段运动动画。

（10）单击时间轴面板中的"新建图层"按钮，新建图层 2。然后单击工具箱中的"文本工具"按钮，在其属性面板中设置文本的字体为"Stencil Std"、字号为"12"、字体颜色为"白色"。

（11）设置好参数后，在舞台的中心位置输入文本"http://www.lerenren.com"，效果如图 11.4,9 所示。

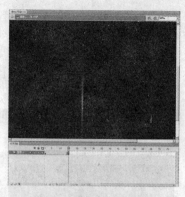

图 11.4.8　垂直移动实例位置

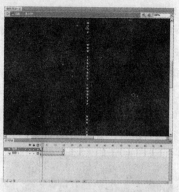

图 11.4.9　输入文本效果

（12）在层操作区的图层 2 上单击鼠标右键，从弹出的快捷菜单中选择 **遮罩层** 命令，创建一段遮罩动画，效果如图 11.4.10 所示。

（13）重复步骤（3）的操作，创建一个名称为"流光字"的图形元件，从库面板中将创建的"闪字"元件拖曳到舞台中，并将实例以轮廓方式显示，效果如图 11.4.11 所示。然后选中图层 1 中的第 15 帧，按"F5"键插入普通帧。

图 11.4.10　创建遮罩动画效果

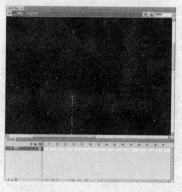

图 11.4.11　拖入"闪字"实例

（14）新建图层 2，按住"Alt"键，将图层 1 中的第 1 帧拖曳到图层 2 的第 2 帧处，并使用选择工具将复制的"闪字"实例水平右移，效果如图 11.4.12 所示。

（15）新建 3 个图层，重复步骤（14）的操作，分别在图层 3 的第 4 帧、图层 4 的第 6 帧和图层 5 的第 8 帧上复制"闪字"实例，并移动其位置，效果如图 11.4.13 所示。

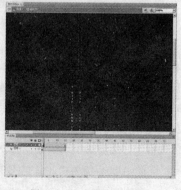

图 11.4.12　复制并移动实例

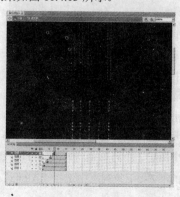

图 11.4.13　创建的流光字效果

（16）重复步骤（3）的操作，创建一个名称为"背景"的图形元件。然后从打开的库面板中将创建的"流光字"元件拖曳到舞台中，再在第 45 帧处插入普通帧，并以轮廓方式显示实例，效果如图 11.4.14 所示。

（17）新建图层 2 和图层 3，分别按住"Alt"键，将图层 1 中的第 1 帧复制到各图层的第 1 帧上，并使用选择工具移动其位置。

（18）选中图层 2 中的实例，选择菜单栏中的 修改(M) → 变形(T) → 垂直翻转(V) 命令，对舞台中的实例进行垂直翻转，效果如图 11.4.15 所示。

 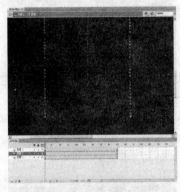

　　　　图 11.4.14　拖入"流光字"实例　　　　　　　　　图 11.4.15　垂直翻转实例

（19）按"Ctrl+F8"键，弹出"创建新元件"对话框，设置其对话框参数如图 11.4.16 所示。设置好参数后，单击 确定 按钮，进入该元件的编辑窗口。

（20）单击工具箱中的"椭圆工具"按钮，在属性面板中设置笔触颜色为"#CCFF33"，填充颜色为"绿色至黑色的放射状渐变"，在舞台中绘制一个圆，效果如图 11.4.17 所示。

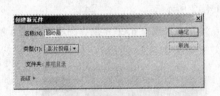 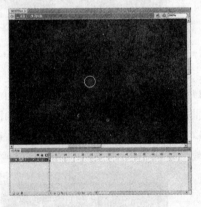

　　图 11.4.16　"创建新元件"对话框　　　　　　　　　　图 11.4.17　绘制圆

（21）选中圆的轮廓线，按"F8"键，弹出"转换为元件"对话框，在 名称(N): 文本框中输入"空心圆"，在 类型(T): 下拉列表中选择 图形 选项，然后单击 确定 按钮，将其转换为元件。

（22）单击时间轴面板中的"新建图层"按钮，新建图层 2。然后从打开的库面板中将创建的"空心圆"元件拖曳到舞台中，并调整其大小及位置，效果如图 11.4.18 所示。

（23）选中图层 2 中的第 10 帧，按"F6"键插入关键帧，然后选中该帧中"空心圆"实例，在其属性面板中的 样式: 下拉列表中选择"Alpha"选项，设置 Alpha 值为"20%"，效果如图 11.4.19 所示。

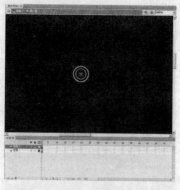

图 11.4.18　第 1 帧中的"空心圆"

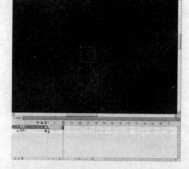

图 11.4.19　第 10 帧中的"空心圆"

（24）在图层 2 中的第 1 帧至第 15 帧间的任意一帧上单击鼠标右键，从弹出的快捷菜单中选择 创建传统补间 命令，创建一段渐隐动画，效果如图 11.4.20 所示。

（25）单击两次时间轴中的"新建图层"按钮 ，新建图层 3 和图层 4，然后复制图层 2 中的所有帧，将它们粘贴至图层 3 和图层 4 中，效果如图 11.4.21 所示。

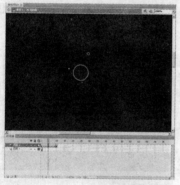

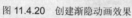

图 11.4.20　创建渐隐动画效果

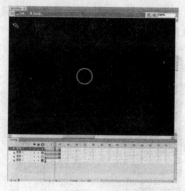

图 11.4.21　粘贴帧

（26）向后移动图层 3 和图层 4 中的所有帧，然后选中图层 1 中的第 15 帧，按"F5"键插入帧，时间轴面板如图 11.4.22 所示。

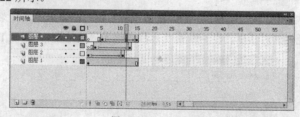

图 11.4.22　移动帧

（27）按"Ctrl+F8"键，弹出"创建新元件"对话框，在 名称(N): 文本框中输入"传统哈他"，在 类型(T): 下拉列表中选择 按钮 选项，单击 确定 按钮，进入该元件的编辑窗口。

（28）单击工具箱中的"矩形工具"按钮 ，在其属性面板中设置其笔触大小为"2"、笔触颜色为"白色"、填充色为"无"。

（29）设置好参数后，在 弹起 帧上绘制两个矩形框，并从库面板中将"圆动画"元件拖曳到舞台中，效果如图 11.4.23 所示。

（30）选中 指针 帧，按"F6"键插入关键帧，然后使用选择工具选中右侧的矩形，按"Delete"

键将其删除，再选中  帧，按 "F5" 键插入帧，效果如图 11.4.24 所示。

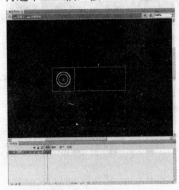
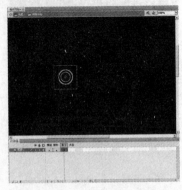

图 11.4.23　绘制矩形并拖入元件　　　　　　　图 11.4.24　插入关键帧和普通帧

（31）单击时间轴面板中的 "新建图层" 按钮，新建图层 2。单击工具箱中的 "文本工具" 按钮，在其属性面板中设置文本类型为 "静态文本"、字体为 "长城粗圆体"、字号为 "50"、字体颜色为 "红色"，然后在舞台中输入文本 "传统哈他"，效果如图 11.4.25 所示。

（32）选中图层 2 中的 帧，按 "F6" 键插入关键帧，并更改舞台中文本的颜色为 "黄色"，效果如图 11.4.26 所示。

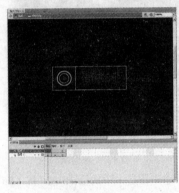

图 11.4.25　输入文本　　　　　　　　　　图 11.4.26　更改文本颜色

（33）在库面板中选中 "传统哈他" 元件，单击鼠标右键，在弹出的快捷菜单中选择 直接复制 命令，弹出 "直接复制元件" 对话框，在 名称(N): 文本框中输入 "流瑜伽"，如图 11.4.27 所示。

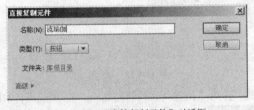

图 11.4.27　"直接复制元件" 对话框

（34）单击 确定 按钮，进入 "流瑜伽" 元件的编辑窗口，更改舞台中的文本为 "流瑜伽"。

（35）重复步骤（33）和（34）的操作，复制 "智瑜伽" "业瑜伽" "蛇王瑜伽" 和 "信仰瑜伽" 元件，并相应更改其中的文本。

（36）重复步骤（19）的操作，创建一个名为 "菜单" 的影片剪辑元件。然后单击 5 次 "新建图层" 按钮，新建 "图层 2" 至 "图层 6"，再从最顶层开始，依次拖入 "传统哈他" "智瑜伽" "业瑜伽""蛇王瑜伽"和"信仰瑜伽"元件到舞台中，效果如图 11.4.28 所示。

　　（37）分别选中所有图层的第 6 帧，按"F6"键插入关键帧，并分别将第 1 帧中的所有对象向左下角移动一小段距离，如图 11.4.29 所示。

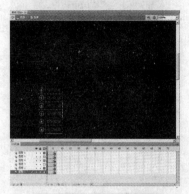

　　　　　图 11.4.28　拖入按钮元件　　　　　　　　　　图 11.4.29　移动第 1 帧中的对象

　　（38）分别在所有图层的第 1 帧上单击鼠标右键，从弹出的快捷菜单中选择 创建传统补间 命令，创建一段运动补间动画，效果如图 11.4.30 所示。

　　（39）选中第 1 帧中的所有对象，在其属性面板中的 样式: 下拉列表中设置 Alpha 值为"0%"。然后依次选中图层中的所有帧，以两帧为间隔向右进行移动，再在所有图层的第 22 帧处按"F5"键插入帧，效果如图 11.4.31 所示。

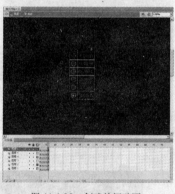
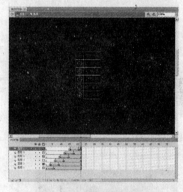

　　　　　图 11.4.30　创建补间动画　　　　　　　　　　图 11.4.31　移动帧并插入帧

　　（40）选择菜单栏中的 窗口(W) → 动作(A) 命令，打开动作面板，选中图层 6 的第 21 帧，在动作面板中输入以下代码：

```
stop();
```

　　（41）单击 场景 1 按钮，返回主场景。从打开的库面板中将"背景"元件拖曳到舞台中，并调整其大小及位置，然后在第 13 帧处插入普通帧，效果如图 11.4.32 所示。

　　（42）新建一个名称为"矩形 1"的图层，然后在该图层的第 14 帧处按"F6"键插入关键帧，使用矩形工具在舞台中绘制一个如图 11.4.33 所示的图形。

　　（43）在"矩形 1"图层的第 45 帧处插入帧，然后新建一个名称为"遮罩"的图层，再将"矩形 1"图层中的第 14 帧复制到"遮罩"图层的第 14 帧上，如图 11.4.34 所示。

　　（44）在"遮罩"图层的第 19 帧处插入关键帧，然后使用移动工具将第 1 帧中的矩形垂直向上移动一定的距离，再在第 14 帧至第 19 帧间的任意一帧上单击鼠标右键，从弹出的快捷菜单中选择

创建传统补间 命令，创建一段运动补间动画，效果如图 11.4.35 所示。

图 11.4.32　拖入"背景"实例

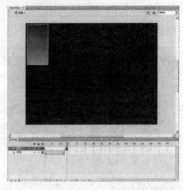
图 11.4.33　绘制矩形

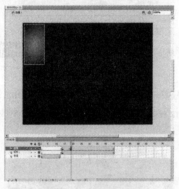
图 11.4.34　复制帧效果

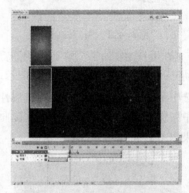
图 11.4.35　移动图形并创建运动补间动画

（45）在层控制区中的"遮罩"图层上单击鼠标右键，从弹出的快捷菜单中选择 遮罩层 命令，创建一段遮罩动画效果，如图 11.4.36 所示。

（46）新建一个名为"菜单"的图层，在该层的第 14 帧处插入关键帧，然后从库面板中将"菜单"元件拖曳到舞台中，效果如图 11.4.37 所示。

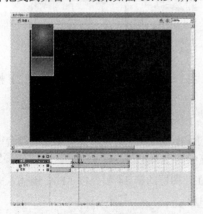
图 11.4.36　创建遮罩动画

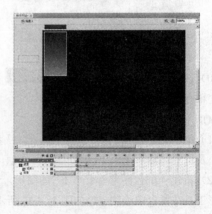
图 11.4.37　拖入"菜单"实例

（47）重复步骤（42）～（45）的操作，创建一个横向矩形遮罩动画，效果如图 11.4.38 所示。

（48）新建一个名称为"人物"的图层，在该图层的第 25 帧处插入关键帧，然后按"Ctrl+R"键导入一幅人物图片，效果如图 11.4.39 所示。

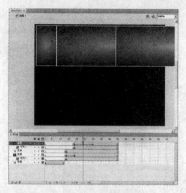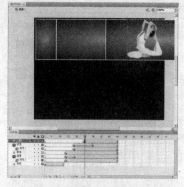

图 11.4.38　创建横向矩形遮罩动画　　　　图 11.4.39　导入人物图片

（49）在"人物"图层的第 39 帧处插入关键帧，然后在第 25 帧上单击鼠标右键，从弹出的快捷菜单中选择 创建传统补间 命令，创建一段传统补间动画，并设置第 25 帧上图片的不透明度为"20%"，效果如图 11.4.40 所示。

（50）按"Ctrl+R"键导入一幅花丛图片，然后重复步骤（49）的操作，为图片创建渐隐动画，效果如图 11.4.41 所示。

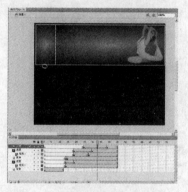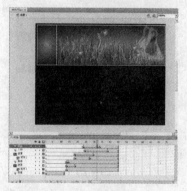

图 11.4.40　创建人物渐隐动画效果　　　　图 11.4.41　创建花丛渐隐动画效果

（51）新建一个名称为"文本"的图层，然后分别在该图层的第 31，38，45 帧处插入关键帧，并使用文本工具在各关键帧上输入相应的文本，如图 11.4.42 所示。

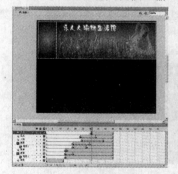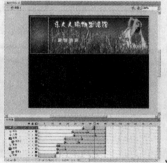

图 11.4.42　添加文本效果

（52）新建一个名称为"矩形 3"的图层，在该图层的第 28 帧处插入关键帧，并使用矩形工具在舞台中绘制一个如图 11.4.43 所示的矩形。然后在"矩形 3"图层的第 35 帧处插入关键帧，使用任意变形工具对第 28 帧上的矩形进行变形，并在第 28 帧至第 35 帧间创建一段形状补间动画，效果如

图 11.4.44 所示。

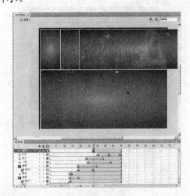 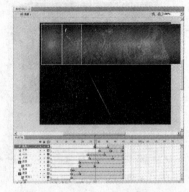

图 11.4.43　绘制矩形　　　　　　　　　　图 11.4.44　创建形状补间动画效果

　　（53）新建一个名称为"文本 2"的图层，在该图层的第 38 帧处插入关键帧，然后使用文本工具在舞台中输入一段文本，并使用文本工具将输入的文本移至如图 11.4.45 所示的位置。

　　（54）选中"文本 2"图层的第 43 帧，使用选择工具将输入的文本移至舞台中，并调整其大小，然后在第 38 帧至第 43 帧间创建一段补间动画，效果如图 11.1.46 所示。

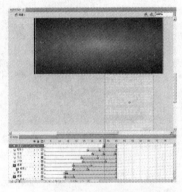 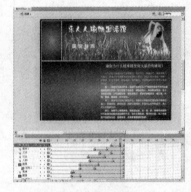

图 11.4.45　输入并移动文本　　　　　　　　图 11.4.46　移动并调整文本大小

　　（55）新建一个名称为"线条"的图层，在该图层的第 38 帧处插入关键帧，并使用工具箱中的线条工具　在舞台中绘制一条直线，效果如图 11.4.47 所示。

　　（56）将"线条"图层上的第 45 帧转换为关键帧，然后使用选择工具调整线条的形状，再在第 38 帧至第 45 帧间创建一段形状补间动画，效果如图 11.4.48 所示。

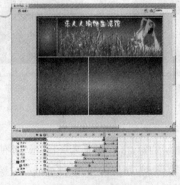 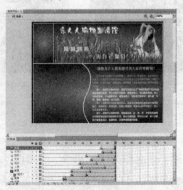

图 11.4.47　绘制直线　　　　　　　　　　图 11.4.48　创建形状补间动画效果

　　（57）新建一个名称为"文本 3"的图层，然后在该图层的第 37 帧处插入关键帧，并使用工具箱中的矩形工具和文本工具在舞台中输入如图 11.4.49 所示的文本。

　　（58）在"文本 3"图层的第 39 帧处插入关键帧，并输入如图 11.4.50 所示的文本。

图 11.4.49　第 37 帧中的内容　　　　　　　　图 11.4.50　第 39 帧中的内容

　　（59）在"文本 3"图层的第 42 帧处插入关键帧，然后在舞台中输入如图 11.4.51 所示的文本信息。

图 11.4.51　第 42 帧上的文本信息

　　（60）将"文本 3"图层中的第 45 帧转换为关键帧，然后在动作面板中输入以下代码：

stop();

　　（61）按"Ctrl+Enter"键测试动画，最终效果如图 11.4.1 所示。

第 12 章 上机实验

实验 1　Flash CS5 应用基础

1．实验目的

（1）熟悉 Flash CS5 的操作界面。

（2）掌握文件的基本操作。

（3）掌握模板的使用方法。

2．实验内容

本例将制作如图 12.1.1 所示的雨景效果。

图 12.1.1　最终效果图

3．操作步骤

（1）选择 ![开始] → [所有程序(P)] → [Adobe Flash Professional CS5] 命令，启动 Flash CS5 应用程序。

（2）选择菜单栏中的 [文件(F)] → [新建(N)...] 命令，从弹出的"新建文档"对话框中单击 [模板] 标签，打开"模板"选项卡，如图 12.1.2 所示。

（3）在打开的"模板"选项卡中选择如图 12.1.3 所示的模板选项。

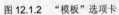

图 12.1.2　"模板"选项卡

图 12.1.3　选择需要的模板

（4）单击 [确定] 按钮，即可新建一个基于模板的 Flash CS5 文档，如图 12.1.4 所示。

（5）选中时间轴面板中的"说明"图层，然后将其拖曳到"删除图层"按钮 ![图标] 上删除图层，效果如图 12.1.5 所示。

（6）选中背景图层中的第 1 帧，按"Delete"键删除背景图层中的图片。

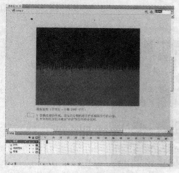

图 12.1.4 新建的 Flash CS5 文档

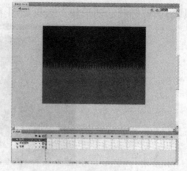

图 12.1.5 删除"说明"图层

（7）按"Ctrl+R"键，从弹出的"导入"对话框中导入一幅背景图片。

（8）按"Ctrl+K"键，在打开的对齐面板中单击"水平中齐"按钮 和"垂直中齐"按钮 ，将图片对齐于舞台中心，然后单击"匹配宽和高"按钮 ，将图片与舞台大小相匹配，效果如图 12.1.6 所示。

（9）选择菜单栏中的 文件(F) → 保存(S) 命令，在弹出的"另存为"对话框中输入文档的名称如图 12.1.7 所示。单击 保存(S) 按钮即可保存 Flash 文档。

图 12.1.6 调整图片效果

图 12.1.7 "另存为"对话框

（10）按"Ctrl+Enter"键，预览动画效果，最终效果如图 12.1.1 所示。

实验 2 Flash CS5 绘图基础

1．实验目的

（1）掌握绘图工具的使用方法。
（2）掌握颜色面板的使用方法。
（3）掌握修饰图形工具的使用方法。

2．实验内容

本例将绘制如图 12.2.1 所示郁金香效果。

3．操作步骤

（1）启动 Flash CS5 应用程序，新建一个 Flash 文档。
（2）单击工具箱中的"椭圆工具"按钮 ，在舞台中绘制一个椭圆，然后使用选择工具 和

任意变形工具 ▓▓ 调整椭圆的的形状，效果如图 12.2.2 所示。

图 12.2.1　最终效果图

（3）按住"Alt"键复制一个花瓣的轮廓，选择菜单栏中的 修改(M) → 变形(T) → 水平翻转(H) 命令，对复制的花瓣进行水平翻转，然后再重复步骤（2）的操作，绘制出如图 12.2.3 所示的花瓣轮廓。

图 12.2.2　绘制的花瓣轮廓　　　　图 12.2.3　绘制的第 1 个郁金香轮廓

（4）重复步骤（2）和（3）的操作，绘制出第 2 个郁金香的轮廓，效果如图 12.2.4 所示。

（5）重复步骤（2）和（3）的操作，绘制出第 3 个郁金香的轮廓，效果如图 12.2.5 所示。

图 12.2.4　绘制的第 2 个郁金香的轮廓　　　图 12.2.5　绘制的第 3 个郁金香的轮廓

（6）重复步骤（2）和（3）的操作，绘制出第 4 个郁金香的轮廓，效果如图 12.2.6 所示。

（7）重复步骤（2）和（3）的操作，绘制出第 5 个郁金香的轮廓，效果如图 12.2.7 所示。

图 12.2.6　绘制的第 4 个郁金香的轮廓　　　图 12.2.7　绘制的第 5 个郁金香的轮廓

（8）选择菜单栏中的 窗口(W) → 颜色(C) 命令，打开颜色面板，设置其填充类型和色标值参数如图 12.2.8 所示。

（9）单击工具箱中的"颜料桶工具"按钮 ▣，在舞台中绘制的郁金香轮廓上单击鼠标左键进行颜色填充，效果如图 12.2.9 所示。

图 12.2.8　颜色面板　　　　　图 12.2.9　填充花朵颜色效果

（10）调整花瓣的前后顺序，并使用渐变变形工具编辑其填充色，然后单击工具箱中的"墨水瓶工具"按钮，更改花朵的轮廓色，效果如图 12.2.10 所示。

（11）分别组合绘制的花朵，并使用选择工具将其移至如图 12.2.11 所示的位置，然后在打开的颜色面板中设置叶子和花杆的颜色，如图 12.2.12 所示。

图 12.2.10　编辑花朵的颜色　　　　　图 12.2.11　移动花朵位置

（12）使用矩形工具和椭圆工具在舞台中绘制花杆和叶子形状，并使用选择工具调整绘制的形状，效果如图 12.2.13 所示。

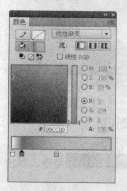

图 12.2.12　设置叶子和花杆的颜色　　　　　图 12.2.13　绘制的花杆和叶子形状

（13）按"Ctrl+Enter"键预览效果，最终效果如图 12.2.1 所示。

实验 3　Flash CS5 对象的操作

1．实验目的

（1）掌握在 Flash CS5 中导入外部对象的方法。

（2）掌握将位图转换为矢量图的方法。

（3）掌握对象的各种编辑方法。

2. 实验内容

本例将制作合成图像效果，最终效果如图 12.3.1 所示。

图 12.3.1　最终效果图

3. 操作步骤

（1）启动 Flash CS5 应用程序，新建一个 Flash 文档。

（2）按"Ctrl+R"键，导入一幅图像，然后选择菜单栏中的 窗口(W) → 对齐(G) 命令，打开对齐面板，如图 12.3.2 所示。

（3）在对齐面板中单击"水平中齐"按钮 和"垂直中齐"按钮 ，将图片对齐于舞台中心，然后单击"匹配宽和高"按钮 ，将图片覆盖于舞台，效果如图 12.3.3 所示。

图 12.3.2　对齐面板

图 12.3.3　导入并调整背景图片

（4）单击时间轴面板下方的"新建图层"按钮 ，新建图层 2。

（5）重复步骤（2）的操作，导入一幅如图 12.3.4 所示的位图。

（6）选择菜单栏中的 修改(M) → 位图(B) → 转换位图为矢量图(B)... 命令，弹出"转换位图为矢量图"对话框，设置其对话框参数如图 12.3.5 所示。

图 12.3.4　导入位图

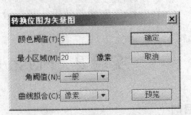

图 12.3.5　"转换位图为矢量图"对话框

（7）设置好参数后，单击 确定 按钮，即可将位图转换为矢量图，效果如图 12.3.6 所示。

（8）单击工具箱中的"选择工具"按钮 ，选中矢量图中的白色区域，按"Delete"键进行删除，效果如图 12.3.7 所示。

图 12.3.6　将位图转换为矢量图效果

图 12.3.7　删除白色区域

（9）使用橡皮擦工具 中的水龙头 删除矢量图中边缘的白色区域，效果如图 12.3.8 所示。

（10）选择菜单栏中的 修改(M) → 形状(P) → 优化(O)... 命令，对对象进行优化。

（11）按"Ctrl+G"键，组合舞台中的矢量图，然后选择菜单栏中的 修改(M) → 变形(T) → 水平翻转(H) 命令，对组合后的对象进行水平翻转，效果如图 12.3.9 所示。

图 12.3.8　进一步修饰图像

图 12.3.9　水平翻转对象

（12）按"Ctrl+Enter"键预览效果，最终效果如图 12.3.1 所示。

实验 4　Flash CS5 中特效文字的操作

1．实验目的

（1）掌握文本工具的使用方法。

（2）掌握文本的各种编辑技巧。

2．实验内容

本例将制作积雪文字效果，最终效果如图 12.4.1 所示。

图 12.4.1　最终效果图

3. 操作步骤

（1）启动 Flash CS5 应用程序，新建一个 Flash 文档。

（2）按 "Ctrl+R" 键，导入一幅图像，然后选择菜单栏中的 修改(M) → 文档(D)... 命令，在弹出的 "文档设置" 对话框中选中 ⊙ 内容(C) 单选按钮，使图片与文档大小相等，效果如图 12.4.2 所示。

（3）单击时间轴面板下方的 "新建图层" 按钮 ，新建图层 2。

（4）单击工具箱中的 "文本工具" 按钮 T ，在其属性面板中设置字体为 "长城新艺体"、字号为 "96"、颜色填充为 "#9900FF"，设置好参数后，在舞台中输入文本 "雪"，效果如图 12.4.3 所示。

图 12.4.2　导入的图片

图 12.4.3　输入文本

（5）使用选择工具选中舞台中的文本，然后按 "Ctrl+B" 键分离文本，并使用任意变形工具调整文本的大小及位置，效果如图 12.4.4 所示。

（6）选择菜单栏中的 窗口(W) → 颜色(C) 命令，打开颜色面板，设置其填充类型和色标值参数如图 12.4.5 所示。

图 12.4.4　分离并调整文本大小

图 12.4.5　设置文本填充色

（7）单击工具箱中的 "渐变变形工具" 按钮 ，调整文本填充色的方向和角度，效果如图 12.4.6 所示。

（8）单击工具箱中的 "墨水瓶工具" 按钮 ，在其属性面板中设置笔触颜色为 "#FFFFFF"、笔触高度为 "2"、笔触样式为 "实线"，然后在文字边缘上单击，效果如图 12.4.7 所示。

图 12.4.6　调整文本的填充色

图 12.4.7　为文本添加边框

（9）单击工具箱中的 "橡皮擦工具" 按钮 ，在其附加选项中选择内部擦除模式 ，将文字的渐变颜色擦除一部分，效果如图 12.4.8 所示。

（10）单击工具箱中的"颜料桶工具"按钮，设置填充色为"#FFFFFF"，对擦除积雪效果的位置进行颜色填充，并使用刷子工具绘制出积雪的流痕，效果如图 12.4.9 所示。

图 12.4.8　擦除积雪位置

图 12.4.9　绘制积雪流痕

（11）单击工具箱中的"墨水瓶工具"按钮，设置其属性面板参数如图 12.4.10 所示。

（12）设置好参数后，在文本的边缘上单击鼠标，为文本添加边框，效果如图 12.4.11 所示。

图 12.4.10　"墨水瓶工具"属性面板

图 12.4.11　绘制积雪效果

（13）按"Ctrl+Enter"键预览效果，最终效果如图 12.4.1 所示。

实验 5　帧与图层的应用

1. 实验目的

（1）掌握帧和图层的创建方法。

（2）掌握图层的应用技巧。

2. 实验内容

本例将制作图片切换效果，最终效果如图 12.5.1 所示。

图 12.5.1　最终效果图

3. 操作步骤

（1）启动 Flash CS5 应用程序，新建一个 Flash 文档。

（2）按"Ctrl+R"键导入一幅图片，将其对齐于舞台中心并覆盖整个文档，如图 12.5.2 所示。

（3）选中第 1 帧，按"F8"键，将其转换为名称为"转换"的影片剪辑元件，并双击该元件进入其编辑窗口。

（4）选中图层 1 中的第 50 帧，按"F5"键插入普通帧。

（5）单击时间轴面板下方的"新建图层"按钮 ，新建图层 2。

（6）选择菜单栏中的 窗口(W) → 颜色(C) 命令，在打开的颜色面板中设置 4 个色标为 "CDCDCD"，然后从左至右将其透明度设置为"0%""0%""100%""100%"，如图 12.5.3 所示。

图 12.5.2　导入的图片　　　　　　图 12.5.3　颜色面板

（7）单击工具箱中的"矩形工具"按钮 ，在舞台中绘制一个如图 12.5.4 所示的矩形。

（8）选中舞台中绘制的矩形，按"F8"键将其转换为影片剪辑元件，然后将其右移至与图片左侧对齐，效果如图 12.5.5 所示。

图 12.5.4　绘制的矩形　　　　　　图 12.5.5　将矩形转换为影片剪辑元件

（9）选中第 15 帧，按"F6"键插入关键帧，然后使用方向键将其向左移至与图片的右侧对齐，效果如图 12.5.6 所示。

图 12.5.6　移动影片剪辑元件效果

（10）在第 1 帧至第 15 帧间创建一段运动补间动画，然后分别选中第 1 帧和第 15 帧上的矩形，在其属性面板中设置其 混合: 模式为 Alpha 。

（11）选中第 1 帧至第 15 帧间的所有帧，单击鼠标右键，从弹出的快捷菜单中选择 复制帧 命令，然后在第 25 帧上单击鼠标右键，从弹出的快捷菜单中选择 粘贴帧 命令，再选中复制的所有帧，单击鼠标右键，从弹出的快捷菜单中选择 翻转帧 命令，翻转复制的所有帧。

（12）在层操作区的图层 2 上单击鼠标右键，从弹出的快捷菜单中选择 遮罩层 命令，此时的时间轴面板如图 12.5.7 所示。

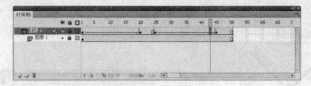

图 12.5.7　时间轴面板

（13）单击 场景 1 按钮，返回主场景。

（14）按"Ctrl+Enter"键测试动画效果，最终效果如图 12.5.1 所示。

实验 6　元件、实例与库的应用

1．实验目的

（1）掌握元件、实例与库的作用。

（2）掌握元件、实例与库的使用方法。

2．实验内容

制作旋转的风车，效果如图 12.6.1 所示。

图 12.6.1　最终效果图

3．操作步骤

（1）启动 Flash CS5 应用程序，新建一个 Flash 文档。

（2）按"Ctrl+F8"键，弹出"创建新元件"对话框，设置其对话框参数如图 12.6.2 所示。设置好参数后，单击 确定 按钮，进入该元件的编辑窗口。

（3）使用工具箱中的矩形工具 和选择工具 在舞台中绘制风车的底座，并对其进行填充，效果如图 12.6.3 所示。

图 12.6.2　"创建新元件"对话框

图 12.6.3　绘制风车底座

（4）新建图层 2，使用工具箱中的椭圆工具 和线条工具 在舞台中绘制一个风车图形，并对其进行填充，效果如图 12.6.4 所示。

（5）分别在图层 2 的第 3，5，7，9，11 帧处插入关键帧，然后使用任意变形工具 ▨ 将各关键帧上的风车旋转一定的角度，并在图层 1 的第 11 帧处插入帧，此时的时间轴面板如图 12.6.5 所示。

图 12.6.4　绘制并填充风车图形

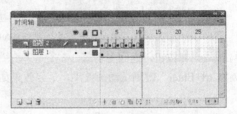

图 12.6.5　时间轴面板

（6）单击 ⬛场景1 按钮，返回主场景。然后按"Ctrl+R"键，导入一幅背景图片，效果如图 12.6.6 所示。

（7）单击时间轴面板下方的"新建图层"按钮 ⬛，新建图层 2。

（8）按"Ctrl+L"键，在打开的库面板中将创建的"风车"影片剪辑元件拖曳到舞台中，并调整其大小和位置，效果如图 12.6.7 所示。

图 12.6.6　导入图片

图 12.6.7　拖入"风车"元件

（9）按住"Alt"键，在舞台中拖曳出两个"风车"实例副本，并使用任意变形工具调整其大小及位置，效果如图 12.6.8 所示。

（10）选中最右侧的实例，在其属性面板中设置 样式: 的"高级"选项，效果如图 12.6.9 所示。

图 12.6.8　复制并变形"风车"实例

图 12.6.9　设置实例的样式

（11）按"Ctrl+Enter"键测试动画效果，最终效果如图 12.6.1 所示。

实验 7　多媒体应用

1．实验目的

（1）掌握 Flash CS5 中声音与视频的导入方法。

（2）掌握 Flash CS5 中声音与视频的编辑技巧。

2. 实验内容

本例将制作背景音乐效果，最终效果如图 12.7.1 所示。

图 12.7.1　最终效果图

3. 操作步骤

（1）启动 Flash CS5 应用程序，按"Ctrl+O"键，打开一个 Flash 动画作品，如图 12.7.2 所示。

（2）选择菜单栏中的 文件(F) → 导入(I) → 导入到库(L)... 命令，弹出"导入到库"对话框，在该对话框中选择一个音频文件，如图 12.7.3 所示。

图 12.7.2　打开 Flash 动画作品　　　　　图 12.7.3　"导入到库"对话框

（3）单击 打开(O) 按钮，导入到 Flash 中的音频文件将被放置在库面板中，如图 12.7.4 所示。

（4）单击时间轴面板下方的"新建图层"按钮，新建图层 2。

（5）在库面板中选中导入的音频文件，将其拖曳到舞台中，即可为动画添加背景声音，效果如图 12.7.5 所示。

图 12.7.4　库面板　　　　　　　　　图 12.7.5　为动画添加声音效果

（6）按"Ctrl+Enter"键测试动画效果，最终效果如图 12.7.1 所示。

实验 8　　Flash 动画的制作

1．实验目的

（1）掌握 Flash CS5 中各种动画的作用。

（2）掌握引导动画的编辑方法。

（3）熟练使用绘图工具绘制动画中的对象。

2．实验内容

制作青蛙戏蝶动画效果，最终效果如图 12.8.1 所示。

图 12.8.1　最终效果图

3．操作步骤

（1）启动 Flash CS5 应用程序，新建一个 Flash 文档。

（2）按"Ctrl+R"键，导入一幅图片，如图 12.8.2 所示。

（3）在图层 1 的第 85 帧处按"F5"键插入帧，然后单击时间轴面板中的"新建图层"按钮，新建图层 2。

（4）重复步骤（2）的操作，导入一幅蝴蝶图片，并将其移至如图 12.8.3 所示的位置。

图 12.8.2　导入荷塘图片　　　　　　　图 12.8.3　导入蝴蝶图片

（5）在层操作区中的图层 2 上单击鼠标右键，从弹出的快捷菜单中选择 添加传统运动引导层 命令，在图层 2 上方创建一个引导层。

（6）确认引导层为当前图层，单击工具箱中的"铅笔工具"按钮，在舞台中绘制一条曲线，如图 12.8.4 所示。

（7）选中图层 2 第 1 帧上的图片，使用任意变形工具  变形蝴蝶图片，并将其中心点与曲线起始点重合，如图 12.8.5 所示。

图 12.8.4 绘制曲线　　　　　图 12.8.5 将图片中心点与曲线起始点重合

（8）在图层 2 的第 75 帧处按"F6"键插入关键帧，然后使用任意变形工具变形蝴蝶图片，并将其中心点与曲线终点重合，如图 12.8.6 所示。

（9）在图层 2 中的第 1 帧至第 75 帧间的任意一帧上单击鼠标右键，从弹出的快捷菜单中选择 创建传统补间 命令，创建一段蝴蝶飞舞动画，效果如图 12.8.7 所示。

图 12.8.6 将图片中心点与曲线终点重合　　　　图 12.8.7 创建蝴蝶飞舞动画

（10）单击时间轴面板下方的"新建图层"按钮，新建图层 3。

（11）使用工具箱中的绘图工具在舞台中绘制一个青蛙爬行的姿势，并对其进行填充，效果如图 12.8.8 所示。

（12）选中图层 3 中的第 15 帧，按"F6"键，插入关键帧。

（13）使用工具箱中的绘图工具在舞台中绘制一个青蛙跳跃的姿势，并对其进行填充，效果如图 12.8.9 所示。

图 12.8.8 第 1 帧中的青蛙　　　　　图 12.8.9 第 15 帧中的青蛙

（14）选中图层 3 中的第 30 帧，按"F6"键，插入关键帧。

（15）使用工具箱中的绘图工具在舞台中绘制一个青蛙俯卧的姿势，并对其进行填充，效果如图 12.8.10 所示。

（16）选中图层 3 中的第 45 帧，按"F6"键，插入关键帧。

（17）使用工具箱中的绘图工具在舞台中绘制一个青蛙抓蝴蝶的姿势，并对其进行填充，效果如图 12.8.11 所示。

图 12.8.10　第 30 帧中的青蛙　　　　图 12.8.11　第 45 帧中的青蛙

（18）在图层 3 中的第 60 帧处插入关键帧，然后使用工具箱中的绘图工具在舞台中绘制一个青蛙起跳的姿势，并对其进行填充，效果如图 12.8.12 所示。

（19）在图层 3 中的第 75 帧处插入关键帧，然后使用工具箱中的绘图工具在舞台中绘制一个青蛙抓蝴蝶的姿势，并对其进行填充，效果如图 12.8.13 所示。

图 12.8.12　第 60 帧中的青蛙　　　　图 12.8.13　第 75 帧中的青蛙

（20）按"Ctrl+Enter"键测试动画效果，最终效果如图 12.8.1 所示。

实验 9　ActionScript 和组件的应用

1．实验目的

（1）掌握 ActionScript 脚本语句的基础知识。

（2）掌握各种组件的作用及使用方法。

（3）熟悉动作面板。

2．实验内容

本例将制作爆炸效果，最终效果如图 12.9.1 所示。

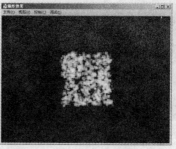

图 12.9.1　最终效果图

3．操作步骤

（1）启动 Flash CS5 应用程序，新建一个 Flash 文档。

（2）按"Ctrl+J"键，弹出"文档设置"对话框，设置其对话框参数如图 12.9.2 所示。设置好参数后，单击 确定 按钮。

（3）按"Ctrl+F8"键，弹出"创建新元件"对话框，设置其对话框参数如图 12.9.3 所示。设置好参数后，单击 确定 按钮，进入该元件的编辑窗口。

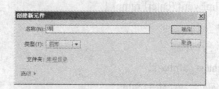

图 12.9.2　"文档设置"对话框　　　　　　　图 12.9.3　"创建新元件"对话框

（4）单击工具箱中的"文本工具"按钮 T ，设置其属性面板参数如图 12.9.4 所示。

（5）设置好参数后，在舞台中输入文本"爆"，效果如图 12.9.5 所示。

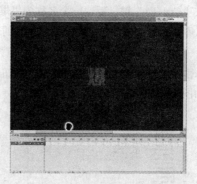

图 12.9.4　设置文本属性　　　　　　　　　图 12.9.5　输入文本效果

（6）按"Ctrl+B"键，将文本分离，效果如图 12.9.6 所示。

（7）按"Ctrl+F8"键，创建一个名为"正方形"的影片剪辑元件。

（8）单击工具箱中的"矩形工具"按钮 ，按住"Shift"键，在舞台中绘制一个白色正方形，效果如图 12.9.7 所示。

（9）按"Ctrl+F8"键，新建一个名称为"正方形 1"的影片剪辑元件，然后按"Ctrl+L"键从打开的库面板中将"正方形"影片剪辑元件拖曳到舞台的中心位置。

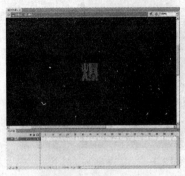

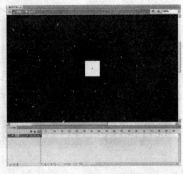

图 12.9.6　分离文本效果　　　　　　　　　图 12.9.7　绘制正方形

（10）在舞台中的"正方形"影片剪辑元件上单击鼠标右键，从弹出的快捷菜单中选择  命令，打开动作面板，在其中输入以下脚本语句：

```
onClipEvent (load) {
x = random(10)-2;
y = random(10)-2;
scale = random(10)-2
}
onClipEvent (enterFrame) {
_x = _x+x;
_y = _y+y;
_alpha = _alpha-2;
_xscale = _xscale+scale;
_yscale = _yscale+scale;
}
```

（11）输入脚本语句后的动作面板如图 12.9.8 所示。

（12）按"Ctrl+F8"键，新建一个名称为"爆炸"的影片剪辑元件。

（13）从库面板中将"爆"元件拖曳到舞台的中心位置，然后将创建的"正方形 1"影片剪辑拖曳到舞台中。

（14）单击工具箱中的"任意变形工具"按钮，在舞台中放大"爆"实例、缩小"正方形 1"实例，效果如图 12.9.9 所示。

图 12.9.8　动作面板　　　　　　　　　　图 12.9.9　调整实例大小效果

（15）按住"Alt"键，在舞台中复制多个"正方形 1"实例，将其全部覆盖舞台中的文本，再删除文本，效果如图 12.9.10 所示。

（16）单击 [场景 1] 按钮，返回主场景。然后从库面板中将"爆"影片剪辑元件拖曳到舞台的中心位置。

（17）选中图层 1 中的第 4 帧，按"F5"键插入帧。

（18）新建图层 2，在第 4 帧处插入关键帧，然后从库面板中将"爆炸"影片剪辑元件拖曳到舞台中，并与"爆"实例相重合，然后在图层 2 的第 40 帧处插入帧，效果如图 12.9.11 所示。

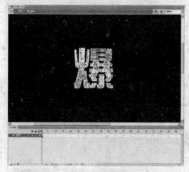 

图 12.9.10　复制"正方形 1"实例　　　图 12.9.11　将"爆"和"爆炸"实例拖曳到舞台中

（19）按"Ctrl+Enter"键测试动画效果，最终效果如图 12.9.1 所示。

实验 10　Flash 动画的发布

1．实验目的

（1）掌握 Flash 动画的优化和测试方法。

（2）掌握 Flash 动画的发布方法。

2．实验内容

本例将制作好的 Flash 动画进行测试，然后发布为 GIF 动画格式，最终效果如图 12.10.1 所示。

图 12.10.1　最终效果图

3．操作步骤

（1）启动 Flash CS5 应用程序，按"Ctrl+O"键，打开一个制作好的 Flash 源文件。

（2）选择菜单栏中的 [控制(O)] → [测试影片(M)] → [测试(T)] 命令，进入影片的测试窗口，如图 12.10.2 所示。

（3）在测试窗口中选择 [视图(V)] → [下载设置(D)] → [自定义] 命令（见图 12.10.3），在弹出的"自定义下载设置"对话框中对下载速度进行设置。

图 12.10.2　在测试窗口中打开 Flash 动画　　　　图 12.10.3　选择"自定义"命令

（4）在测试窗口中选择 视图(V) → 带宽设置(B) 命令，打开下载性能图，如图 12.10.4 所示。

（5）单击下载性能图中的方块，此时其左侧会显示该方块代表的帧的属性，如图 12.10.5 所示。

图 12.10.4　下载性能图　　　　　　　图 12.10.5　显示方块代表的帧的属性

（6）选择菜单栏中的 文件(F) → 发布设置(G)... 命令，弹出"发布设置"对话框。

（7）在该对话框中的 类型: 选项区中选中 ☑ GIF 图像（.gif）复选框，单击 GIF 标签，打开"GIF"选项卡，在该选项卡中设置参数如图 12.10.6 所示。

（8）设置好参数后，单击 发布 按钮，即可将 Flash 动画发布为 GIF 格式，效果如图 12.10.7 所示。

zoomGalleryFL8
420 x 180
GIF 图像

图 12.10.6　在"GIF"选项卡中设置参数　　　图 12.10.7　将动画发布为 GIF 格式

（9）双击发布的 GIF 图标打开 GIF 动画，最终效果如图 12.10.1 所示。